U0260994

畜禽屠宰检验检疫图解系列丛书

生猪屠宰检验检疫图解手册

中国动物疫病预防控制中心
（农业农村部屠宰技术中心） 编著

中国农业出版社

北 京

图书在版编目（CIP）数据

生猪屠宰检验检疫图解手册 / 中国动物疫病预防控制中心（农业农村部屠宰技术中心）编著.—北京：中国农业出版社，2018.11（2023.5重印）
（畜禽屠宰检验检疫图解系列丛书）
ISBN 978-7-109-24845-8

Ⅰ．①生… Ⅱ．①中… Ⅲ．①猪－屠宰加工－卫生检疫－图解 Ⅳ．①TS251.5-64

中国版本图书馆CIP数据核字(2018)第250001号

中国农业出版社出版
（北京市朝阳区麦子店街18号楼）
（邮政编码 100125）
责任编辑 刘 伟 王森鹤 神翠翠

北京中科印刷有限公司印刷 新华书店北京发行所发行
2018年11月第1版 2023年5月北京第5次印刷

开本：787mm×1092mm 1/16 印张：17 插页：1
字数：430千字
定价：120.00元
（凡本版图书出现印刷、装订错误，请向出版社发行部调换）

丛书编委会

本书编委会

主　编　吴　晗　孙连富

副主编　高胜普　尤　华　尹茂聚　高　芬　刘可仁
　　　　　李　会　刘洪明

编　者（按姓氏音序排列）：

陈怀涛	陈慧娟	崔治中	单佳蕾	邓旭明	高　芬
高捍东	高胜普	耿建平	关婕葳	李　会	李　宁
李　鹏	李　琦	李文合	李　扬	刘洪明	刘可仁
刘增霞	马　冲	毛　磊	孟庆阳	穆佳毅	潘耀谦
曲道峰	任晓玲	孙连富	陶开宇	田树臣	王殿举
王金华	王瑞红	王　珍	吴　晗	吴伟忠	夏立首
徐　一	徐有生	许传山	许　燕	尹茂聚	尤　华
袁修华	张朝明	张　杰	张京茂	张宁宁	张劭俣
张新玲	张志远	赵　俊	赵　婷	朱长光	

审　稿　沈建忠　曹克昌　薛惠文　解　辉

丛书序

　　肉品的质量安全关系到人民的身体健康，关系到社会稳定和经济发展。畜禽屠宰检验检疫是保障畜禽产品质量安全和防止疫病传播的重要手段。开展有效的屠宰检验检疫，需要从业人员具备良好的疫病诊断、兽医食品卫生、肉品检测等方面的基础知识和实践能力。然而，长期以来，我国畜禽屠宰加工、屠宰检验检疫等专业人才培养滞后于实际生产的发展需要，屠宰厂检验检疫员的文化程度和专业水平参差不齐。同时，当前屠宰检疫和肉品品质检验的实施主体不统一，卫生检验也未有效开展。这就造成检验检疫责任主体缺位，检验检疫规程和标准执行较差，肉品质量安全风险隐患容易发生等问题。

　　为进一步规范畜禽屠宰检验检疫行为，提高肉品的质量安全水平，推动屠宰行业健康发展，中国动物疫病预防控制中心（农业农村部屠宰技术中心）组织有关单位和专家，编写了畜禽屠宰检验检疫图解系列丛书。本套丛书按照现行屠宰相关法律法规、屠宰检验检疫标准和规范性文件，采用图文并茂的方式，融合了屠宰检疫、肉品品质检验和实验室检验技术，系统介绍了检验检疫有关的基础知识、宰前检验检疫、宰后检验检疫、实验室检验、检验检疫结果处理等内容。本套丛书可供屠宰一线检验检疫员、屠宰行业管理人员参考学习，也可作为兽医公共卫生有关科研教育人员参考使用。

　　本套丛书包括生猪、牛、羊、兔、鸡、鸭和鹅7个分册，是目前国内首套以图谱形式系统、直观描述畜禽屠宰检验检疫的图书，可操作性和实用性强。然而，本套丛书相关内容不能代替现行标准、规范性文件和国家有关规定。同时，由于编写时间仓促，书中难免有不妥和疏漏之处，恳请广大读者批评指正。

编著者

2018年10月

目 录

第一章

生猪屠宰厂基本设施设备与人员卫生要求

　　根据《生猪屠宰管理条例》和《食品安全国家标准　畜禽屠宰加工卫生规范》（GB 12694-2016）、《猪屠宰与分割车间设计规范》（GB 50317-2009）、《生猪屠宰操作规程》（GB/T 17236-2008）等规定，生猪屠宰厂要具备基本设施设备和卫生规范，以确保生猪产品质量安全。

第一节　生猪屠宰厂选址、布局与基本设施要求

一、生猪屠宰厂厂区选址与布局

　　1.厂区选址　生猪屠宰厂应选择地势高、干燥、位于城市常年主导风向的下方，远离水源和取水口，远离居民住宅区、风景区、公共场所，远离畜禽饲养场的地方建厂。

　　2.厂区环境　厂区周围应有良好的环境卫生条件，应避开产生污染源的地区或场所。

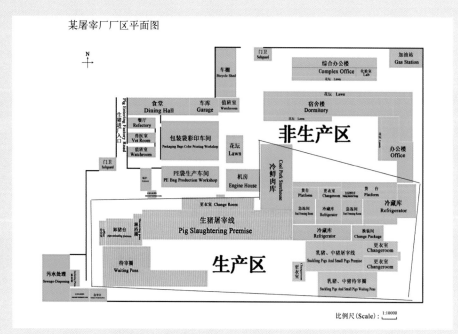

图1-1-1　屠宰厂生产区和非生产区（示例）

3. 厂区水电供应 厂址必须具备符合要求的水源和电源,应结合工艺要求因地制宜地确定,并应符合屠宰企业设置规划的要求。电源供应稳定,水源供给充足,水质符合国家标准,排水畅通,光照充足,通风良好。

4. 厂区道路 厂区主要道路应硬化,路面平整、易冲洗,不积水。

5. 厂区卫生 厂区应设有废弃物、垃圾暂存或处理设施,废弃物应及时处理,避免对厂区环境造成污染。废弃物处理和排放应符合国家环保要求。厂区内禁止饲养与屠宰加工无关的动物。

6. 厂区布局 生猪屠宰厂厂区应划分为生产区和非生产区(图1-1-1)。生产区各车间的布局与设施应满足生产工艺流程和卫生要求。车间清洁区与非清洁区应分隔。

二、生猪屠宰厂厂区基本设施要求

1. 厂区出入口 生产区内,活猪和废弃物运送不得与产品出厂共用一个大门,厂内也不得共用一个通道。应单独分别设置生猪与废弃物的出入口,产品和人员出入口须分别另设。

2. 废弃物运送车 运送垃圾和废弃物的车辆必须是不渗水的密封车。

3. 废水处理排放设施 生产用废水应集中处理(图1-1-2),排放应符合国家有关规定。

图1-1-2 屠宰厂污水处理场

4.**无害化处理间** 无害化处理间门口应设置与门同宽的消毒池。无害化处理的设备配置应符合国家相关法律法规、标准和规程的要求，满足无害化处理的需要（图1-1-3、图1-1-4）。没有设立无害化处理间的屠宰企业，应委托具有资质的专业无害化处理场实施无害化处理（图1-1-5）。

图1-1-3 无害化处理间——焚烧炉

图1-1-4 无害化处理间——化制车间

图1-1-5 专业无害化处理场密闭运送车

5.**检验室** 按照《食品安全国家标准 畜禽屠宰加工卫生规范》（GB 12694—2016）的规定，检验室（图1-1-6），并配备相应的检验设备和清洗、消毒设施。按照国家规定需进行实验室检测的应进行实验室抽样检测。

6.**官方兽医室** 屠宰企业应设有官方兽医室（图1-1-7）。

图1-1-6　检验室

图1-1-7　官方兽医室

第二节　宰前基本设施与设备要求

宰前设施要符合《食品安全国家标准　畜禽屠宰加工卫生规范》（GB 12694－2016）和《猪屠宰与分割车间设计规范》（GB 50317－2009）等规定。

1.卸猪台　卸猪台应与运猪车辆箱底同高，或高出地面0.9～1m，应设置安全围栏。要配有供多层运猪车卸猪使用的装置（图1-2-1）。

2.待宰间（圈）　待宰间（圈）是健康猪宰前停食、静养、饮水的场所。待宰间内设饮水设施（图1-2-2）。

3.隔离间（圈）　隔离间（圈）是隔离病猪和可疑病猪的场所（图1-2-3），应靠近卸猪台。

图1-2-1　卸猪台

图1-2-2　待宰圈及饮水槽

图1-2-3　隔离圈

4.赶猪道　赶猪道是连接待宰间与待宰冲淋间和屠宰车间的猪通道,赶猪道两侧应有不低于1m的矮墙或金属栏杆(图1-2-4)。

5.待宰冲淋间　待宰冲淋间(图1-2-5)是生猪屠宰前冲淋清洗的场所,冲淋间要有足够的喷淋头和水压,以便去除待进入屠宰车间生猪体表所带的粪污和泥污等。

图1-2-4　赶猪道

图1-2-5　待宰冲淋间

6.急宰间　急宰间是确认为无碍于肉食安全且濒临死亡的生猪进行紧急宰杀的场所（图1-2-6）。急宰后要及时进行彻底消毒处理。急宰间门口应设置与门同宽的消毒池。

图1-2-6　急宰间

第三节　宰后基本设施与设备要求

宰后设施要符合《食品安全国家标准 畜禽屠宰加工卫生规范》（GB 12694-2016）和《猪屠宰与分割车间设计规范》（GB 50317-2009）等标准的要求。

1．车间建筑要求　车间内地面、顶棚、墙、柱、窗口等处的阴阳角应设计成弧形；车间内窗台应向下倾斜约45°（图1-3-1），或采用无窗台结构。

2．车间布局　车间的布局与设施应满足生产工艺流程和卫生要求。车间要划分清洁区与非清洁区，两区域应分隔。车间内各加

图1-3-1　屠宰车间内窗台倾斜45°

工区应按生产工艺流程划分明确，人流、物流互不干扰，并符合工艺、卫生及检疫检验要求。

图1-3-2　屠宰车间冷、热水洗手设备

3.车间排水　车间地面不应积水，车间内排水流向应从清洁区流向非清洁区。屠宰车间地面排水坡度不应小于2%，以利于血污废水迅速排泄。

4.车间洗手设备　生产车间入口处、卫生间出口处，以及车间内适当的地点应设置与生产能力相适应的热水（不宜低于40℃）、冷水非手动开关式的洗手设备（图1-3-2），并配有洗手液及干手器。

5.车间专用容器　接触肉类的设备、器具和容器，应使用无毒、无味、不吸水、耐腐蚀、不易变形、不易脱落、可反复清洗与消毒的材料制作，在正常生产条件下不会与肉类、清洁剂和消毒剂发生反应，并应保持完好无损。实行"标识管理"和"分色管理"，使用不同颜色和不同标识的容器盛放不同的物品。

6.车间生产线轨道与同步轨道

（1）生产线轨道　生产线轨道是输送屠体和胴体轨道的总称，包括屠体生产线轨道和胴体生产线轨道（图1-3-3）。

图1-3-3　胴体生产线轨道和平行的同步轨道

（2）同步轨道 同步轨道是与胴体生产线轨道平行的一条轨道，与胴体生产线轨道并排运行、同步行进的循环轨道（图1-3-3、图1-3-4），供同步检验检疫使用。

7.病猪间和病猪轨道 病猪间是宰后检验检疫和确诊可疑病猪的场所（图1-3-5）；病猪轨道又叫病猪岔道，是从屠体生产线轨

图1-3-4 同步轨道

道或胴体生产线轨道上分岔出来的一条病猪轨道（图1-3-5、图1-3-6）。按照《猪屠宰与分割车间设计规范》（GB 50317-2009）的规定，在头部检查、内脏检查、胴体检查和复检操作的生产线轨道上，要设有病猪轨道，该轨道通向病猪间（图1-3-5）。病猪轨道与生产线轨道在病猪间内形成一个回路。

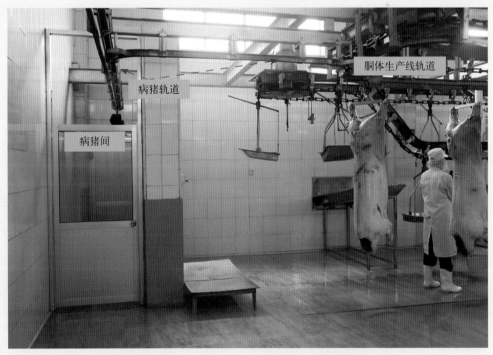

图1-3-5 病猪轨道（病猪岔道）和病猪间
宰后发现病猪时，要将病猪从胴体生产线轨道上推入病猪轨道进入病猪间处理

图1-3-6 病猪轨道

图1-3-7 旋毛虫检验室

8．车间旋毛虫检验室（检查室） 屠宰车间内脏摘取岗位区附近，设置旋毛虫检验室（图1-3-7），并备有检验设备。

9．病猪运送车 病猪运送车是运送病害猪及其产品的不漏水专用车辆（图1-3-8）。

10．温度控制设施设备 分割车间温度控制在12℃以下，预冷间0~4℃（图1-3-9），冷藏储存库-18℃以下，冻结间-28℃以下。有温度要求的场所应安装温度显示装置，并对温度进行监控，必要

图1-3-8 病猪运送车

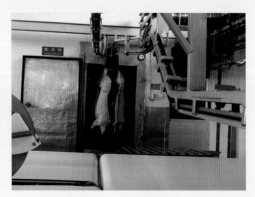

图1-3-9 预冷间

时配备湿度计。温度计和湿度计应定期校准。

运输车辆应根据产品特点配备制冷、保温等设施，以保持运输过程中肉品处于规定的温度环境中。

第四节　生猪屠宰场（厂）消毒的实施与方法

一、生猪入场消毒

运输生猪车辆的出入口处应设置与门同宽，长4m、深0.3m 以上，且能排放和更换消毒液的车轮消毒池（图1-4-1）。池内消毒液建议用2%～3%的氢氧化钠或50mg/kg的含氯消毒剂（二氧化氯、次氯酸钠或二氯异氰脲酸钠）对车轮进行消毒；用600～700mg/kg的含氯消毒剂对车体及生猪进行喷雾消毒（图1-4-2）。

图1-4-1　生猪进厂入口处车轮消毒池　　图1-4-2　生猪入场车轮消毒、猪体和车体喷雾消毒

二、圈舍消毒

圈舍及其通道的消毒分两个步骤进行，第一步先进行机械清扫，第二步是化学消毒液消毒，化学消毒建议用2%的氢氧化钠溶液或用50～100mg/kg的含氯消毒剂进行喷雾消毒（图1-4-3）。隔离圈（在可疑病猪污染的情况下）采用2%的氢氧化钠溶液或用100～200mg/kg的含氯消毒剂进行喷雾或喷洒消毒。

图1-4-3 圈舍消毒

三、车间消毒

（一）车间入口消毒

车间入口处设置与门同宽的鞋靴消毒池，长度不少于2.00m、深0.10m，并能排放和定期更换消毒液（图1-4-4）。

图1-4-4 屠宰车间入口鞋靴消毒池

（二）车间设施设备消毒

首先机械清扫地面、墙面、设备表面的污物，用高压清洗消毒机（季铵盐消毒液0.04%）冲刷地面、墙面和设备表面（图1-4-5），再用清水冲洗干净；也可用0.01%～0.02%的氯制剂喷洒消毒；非工作时间可对车间环境按每平米100～200mg臭氧消毒1h。

图1-4-5　车间高压清洗消毒

四、刀具消毒

屠宰与分割车间根据生产工艺流程的需要，在用水位置分别设置冷、热水管，洗手热水温度在40℃左右。各检验检疫操作区和头部刺杀放血、预剥皮、雕圈、剖腹取内脏等操作区，必须设置有82℃刀具热水消毒池（图1-4-6）。

车间检验检疫及屠宰人员应配备两套以上刀具，一套使用，另一套放在82℃的热水池中消毒，要做到"一猪一刀一消毒"，轮换使用和消毒。

图1-4-6　刀具热水消毒池（82℃）

五、运输工具消毒

生猪车辆进厂后应设有车辆清洗、消毒和存放场所。运输动物及其产品的运输工具，卸车后应进行清洗和消毒。首先进行机械清扫，然后用水冲刷干净（图1-4-7）；再用含氯消毒剂（50~100mg/kg）喷雾或喷洒消毒。

图1-4-7   运猪车辆卸车后消毒清洗

第五节   生猪屠宰厂人员卫生要求

屠宰企业本厂人员与外来人员进入屠宰厂应按照《食品安全国家标准 畜禽屠宰加工卫生规范》（GB 12694－2016）和《生猪屠宰良好操作规范》（GB/T 19479－2004）的规定执行。

一、生猪屠宰厂工作人员卫生要求

1. 人员健康要求   生猪屠宰厂检验检疫员、屠宰加工人员与管理人员健康情况必须符合《中华人民共和国食品安全法》和《食品安全国家标准 畜禽屠宰加工卫生规范》（GB 12694－2016）的要求，经体检合格并取得"健康证明"（图1-5-1）后方能持证上岗。每年应进行一次健康检查，凡患有影响食品安全疾病者，应调离食品生产岗位。

图1-5-1   工作人员健康合格证

2. 人员配备及岗位要求   生猪屠宰厂

应配备相应数量的检验检疫员。从事屠宰、分割、加工、检验检疫和卫生控制的人员应经过专业培训并经考核合格后方可上岗。

3.工作人员着装要求　工作人员的服装应集中保管，集中消毒清洗，统一发放和统一回收。

（1）不同工作区域人员着装要求　生猪屠宰厂不同卫生要求区域的岗位人员应穿戴不同颜色或不同标志的工作服、帽，以示区别，并明确工作职责、工作权限和义务（图1-5-2、图1-5-3）。

（2）工作人员进入车间着装要求　工作人员进入车间必须穿工作服、工作鞋，戴工作帽，戴口罩，头发不外露，不化妆，不留长指甲，不涂抹指甲油，不戴首饰和手表（图1-5-2、图1-5-3）。离开车间时应将工作服、工作靴，工作帽换下。不得穿工作服、工作靴，戴工作帽到非生产场所和卫生间。

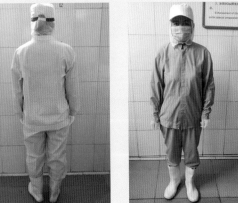

图1-5-2　检验人员着装　　　　　　图1-5-3　屠宰加工人员着装

4.岗位要求

（1）坚守岗位　工作人员应按规定进入工作岗位，洁净区与非洁净区的人员不得相互串岗。

（2）外伤处理　凡受刀伤或其他外伤的生产人员应立即采取妥善措施包扎防护，否则不得从事屠宰、检验检疫和接触肉品的工作。

5.洗手消毒要求　生产与检验检疫员遇到下列情况之一，必须消毒洗手：

（1）进入车间之前。

（2）开始工作之前。

（3）上厕所之后。

（4）处理被污染的原料或病猪及其产品之后。

（5）从事与生产无关的其他活动之后。

6.工作人员进入屠宰加工车间卫生操作流程　工作人员进入车间操作流程：穿工作服、工作鞋，戴口罩，戴帽→洗手消毒→服装除尘→鞋靴消毒（清洗）。

（1）穿工作服、工作鞋，戴口罩，戴工作帽（图1-5-4）。

（2）进入车间洗手消毒流程（图1-5-5至图1-5-7）。

洗手消毒流程：清水洗手→皂液搓洗→清水冲洗皂液→消毒液浸泡（二氧化氯0.005%~0.01%）30s→清水冲洗→干手。

（3）服装除尘　用滚刷或风淋机除去身上的灰尘、头屑、毛发等污物（图1-5-8、图1-5-9）。

图1-5-4　穿工作服、工作鞋，戴口罩，戴帽

图1-5-5　进入车间——手部浸泡消毒

图1-5-6　清水冲洗

图1-5-7　干手

图1-5-8　滚刷除尘

图1-5-9　风淋室除尘

（4）鞋靴消毒和清洗　进入车间要通过鞋靴消毒池进行鞋靴消毒（图1-5-10），鞋靴还要经常进行清洗（图1-5-11）。

图1-5-10　鞋靴消毒池及鞋靴消毒　　　　　　图1-5-11　鞋靴清洗

二、外来人员卫生要求

外来人员包括进厂视察、检查工作和参观、学习等人员，必须按照《食品安全国家标准 畜禽屠宰加工卫生规范》（GB 12694-2016）和《生猪屠宰良好操作规范》（GB/T 19479-2004）的规定执行。

1.外来人员健康情况必须符合《中华人民共和国食品安全法》的要求方可进入厂区。

2.外来人员进入生产车间必须穿工作服、工作靴，戴工作帽、戴口罩，头发不外露；手表、首饰和手机等不得带入生产车间内，交由接待人员代为保管。

3.外来人员进入车间之前和上厕所之后必须消毒洗手。

4.不得在生产区域内从事可能影响产品质量的活动。

5.外来参观人员不得用手触摸产品，更不能触碰设备，要远离设备和操作人员，以确保安全。

第二章

生猪屠宰检验检疫的主要疫病和不合格肉品及处理

按照农业农村部《生猪产地检疫规程》(2018)、《生猪屠宰检疫规程》(农牧发〔2018〕9号)和《生猪屠宰产品品质检验规程》(GB/T 17996-1999)的规定开展检验检疫，并按照农业部《病死及病害动物无害化处理技术规范》(农医发〔2017〕25号)等规定进行检验检疫后的处理。

第一节　生猪屠宰检疫主要的疫病

农业农村部2018年修订的《生猪屠宰检疫规程》规定,生猪屠宰重点检疫14种疫病，包括：口蹄疫、猪瘟、非洲猪瘟、高致病性猪蓝耳病、炭疽、猪丹毒、猪肺疫、猪副伤寒、猪Ⅱ型链球菌病、猪支原体肺炎、副猪嗜血杆菌病、丝虫病、猪囊尾蚴病、旋毛虫病。

发现上述疫病后要按照《病死及病害动物无害化处理技术规范》的规定进行无害化处理，处理方法详见附表三。

一、口蹄疫 (Foot and mouth disease，FMD)

口蹄疫是人兽共患传染病，是由口蹄疫病毒引起的猪、牛、羊等偶蹄动物的烈性传染病，人也可被感染。我国将其列为一类动物疫病。

(一)临床症状

猪口蹄疫特征性临床症状：口腔黏膜、蹄部和乳房皮肤出现水疱和烂斑。

1.患猪体温升高达40～41℃，精神不振、食欲减退，舌头外伸，流涎。

2.患猪相继在蹄冠、蹄球、蹄叉、吻突、口腔黏膜和乳头处出现水疱，水疱破裂形成烂斑（图2-1-1、图2-1-2、图2-1-3）。可继发感染，导致化脓、坏死，蹄壳脱落，病猪疼痛，叫声凄厉，跛行或卧地不起。

(二)病理变化

1.良性口蹄疫　主要在三个部位出现水疱，或烂斑、溃疡、结痂以及脱蹄壳等病理变化：

(1)蹄部　蹄冠、蹄球、蹄叉。

(2)口腔黏膜　舌面、齿龈、唇内面、颊部、硬腭、吻突。

(3)乳房　乳房的基部、体部和乳头。

2.恶性口蹄疫　除有上述病变外，心包液混浊，心内、外膜出血点，心肌变性、坏死，心壁上有灰白色或黄白色虎皮样斑纹，俗称"虎斑心"（图2-1-4）。

图2-1-1　口蹄疫——蹄部水疱破裂后形成烂斑
（潘耀谦，2017）

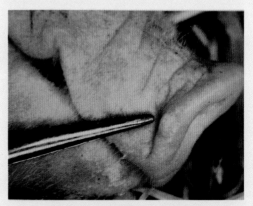

图2-1-2　口蹄疫——吻突水疱
（潘耀谦，2017）

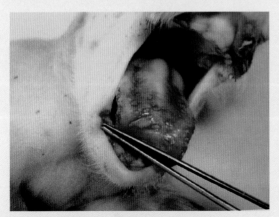

图2-1-3　口蹄疫——舌部溃疡
（江斌，2015）

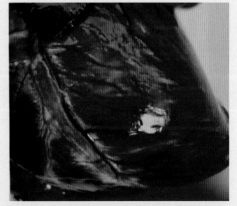

图2-1-4　恶性口蹄疫心室壁上灰白和黄白
色条纹——"虎斑心"
（潘耀谦，2017）

二、猪瘟（Classical swine fever，CSF）

猪瘟又称"猪霍乱""烂肠瘟"，是由猪瘟病毒引起的猪的传染性极强的疫病。我国将其列为一类动物疫病。

（一）临床症状

1.病猪高热41℃，精神萎靡、腰背拱起、腿软无力、行动缓慢、怕冷挤卧。

2.全身皮肤有出血点（图2-1-5），紫红色，指压不褪色。

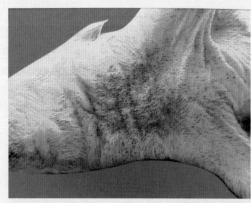
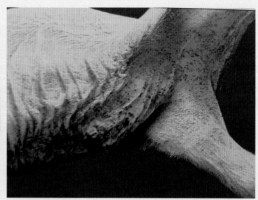

图2-1-5 猪瘟——皮肤出血点

（宣长和，2010）

3.眼结膜、可视黏膜有出血点，眼角有脓性分泌物。

4.公猪包皮内积有尿液，挤出时有混浊恶臭液体流出。

5.初期便秘，后期下痢，或便秘与下痢交替进行，粪尿有恶臭。

（二）病理变化

猪瘟特征性病变是全身性出血，包括：全身皮肤、淋巴结、浆膜、黏膜、部分内脏器官等。典型病变如下：

1.全身皮肤苍白，有针尖大的出血点，尤其是在耳、颈、胸、腹、四肢内侧。病程延长则出血点相互融合成出血斑。

2.全身淋巴结被膜有出血点，淋巴结肿大，暗红色，切面呈红白相间的"大理石状"（图2-1-6），尤其下颌、支气管、肠系膜、肝门、髂内、腹股沟浅、淋巴结等变化明显。

3.脾脏不肿大，边缘有出血性梗死灶，呈紫红至黑红色，隆起于脾表面（图2-1-7）。

图2-1-6 猪瘟——淋巴结出血、肿大，
切面呈大理石花纹样

（潘耀谦，2017）

图2-1-7 猪瘟——脾脏出血性梗死

（潘耀谦，2017）

4.肾脏贫血色淡，表面有大量出血点，称为"雀斑肾"（图2-1-8）；肾皮质、髓质有点状出血和线状出血。

5.膀胱、输尿管、肾盂黏膜有出血点（图2-1-9）。

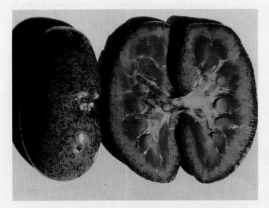

图2-1-8 猪瘟——肾出血，称为"雀斑肾"

（潘耀谦，2017）

图2-1-9 猪瘟——膀胱浆膜出血点或出血斑

（江斌，2015）

6.喉、会厌软骨、扁桃体（图2-1-10）、胸膜有出血点。

7.消化道黏膜出血，包括口腔、大肠小肠浆膜黏膜出血（图2-1-11），胃底黏膜出血溃疡灶。

8.心外膜、冠状沟、前纵沟、后纵沟有出血点。

9.继发胸部感染，引起纤维素性肺炎，肺表面有纤维素附着，肺与胸膜黏连。

10.继发腹部感染，引起坏死性肠炎，回肠末端、盲肠和结肠黏膜可见许多圆形病灶，俗称"扣状肿"（图2-1-12）。

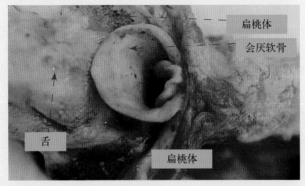

图2-1-10 猪瘟——会厌软骨出血，扁桃体出血、坏死

（宣长和，2010）

图2-1-11 猪瘟——大肠浆膜出血点

（江斌，2015）

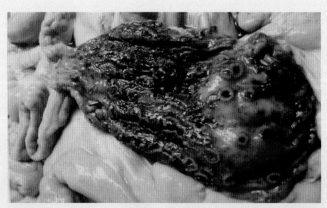

图2-1-12　猪瘟——回肠末端和盲肠、结肠黏膜"扣状肿"

(芦惟本，2011)

三、非洲猪瘟（African swine fever，ASF）

非洲猪瘟是由非洲猪瘟病毒引起的一种急性、热性、高度接触性、高致死性的传染性疾病，我国将其列为一类动物疫病。猪是唯一的易感动物。其特征是死亡率极高，通常为突然死亡。在70℃下30min可使病毒灭活。

（一）**最急性型**

1.临床症状　特征性临床症状是高热(41~42℃)，食欲不振和不活动。1~3d内可能发生突然死亡，无任何临床表现。病程1~3d，死亡率可高达100%。

2.病理变化　通常情况下器官病变不明显。

（二）**急性型**

急性型是非洲猪瘟最常见的发病形式。病程4~10d，死亡率接近100%。

1.临床症状

(1) 高热，体温达40~42℃，恶寒蜷缩，扎堆取暖（图2-1-13），精神沉郁，厌食，呼吸困难。

(2) 耳、颈部、胸部、腹部、四肢、会阴、尾部皮肤发红，有出血点（图2-1-14、图2-1-15）；耳朵、腹部、后退和臀部还会呈现蓝紫色斑块（图2-1-14和图2-1-16）；颈部、腹部和耳朵皮肤可见坏死病变（图2-1-17）。

图2-1-13　病猪高热，恶寒蜷缩，扎堆取暖

(联合国粮食及农业组织《非洲猪瘟：发现与诊断兽医指导手册》)

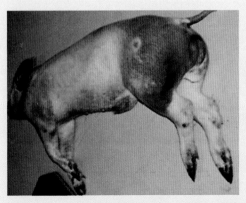

图2-1-14 胸部、腹部、四肢、会阴、尾部
皮肤发红,有出血点

(联合国粮食及农业组织《非洲猪瘟:发现与诊断兽
医指导手册》)

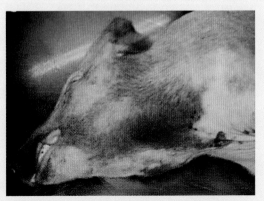

图2-1-15 颈部皮肤发红,有出血点

(联合国粮食及农业组织《非洲猪瘟:发现与诊断兽医
指导手册》)

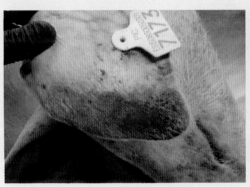

图2-1-16 耳尖呈蓝紫色

(联合国粮食及农业组织《非洲猪瘟:发现与诊断兽
医指导手册》)

图2-1-17 腹部有坏死病变

(联合国粮食及农业组织《非洲猪瘟:发现与诊断兽医
指导手册》)

(3)呕吐;便秘,粪便表面有血液和黏液覆盖;或腹泻,粪便带血;或黑便。

(4)口鼻有带血的泡沫(图2-1-18),眼睛有脓性分泌物。

(5)共济失调或步态僵直,病程延长可出现其他神经症状。

(6)妊娠母猪在孕期各阶段出现流产。

图2-1-18 口鼻有带血的泡沫

(联合国粮食及农业组织《非洲猪瘟:发现与诊断兽医
指导手册》)

2.病理变化

（1）淋巴结肿大、大量出血，形似血块，切面严重出血。特别是下颌淋巴结、胃淋巴结、肠系膜淋巴结、肝淋巴结、肾淋巴结等内脏淋巴结病变明显。

（2）脾脏异常肿大4～5倍，颜色深红色或黑色，质地脆化，表面有出血点，边缘增厚，有时出现边缘梗死。腹腔有大量深红色渗出液。

（3）肾肿大，肾包膜及肾表面（肾皮质）有出血点，形似猪瘟的"雀斑肾"（图2-1-19），肾乳头肿大，肾盂、膀胱有出血点。

（4）心外膜、心内膜、心耳有出血点（图2-1-20），心包积液，有淡黄色液体。

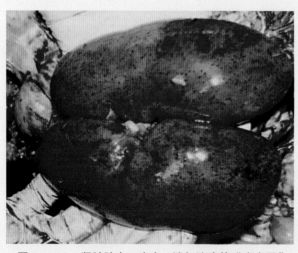

图2-1-19　肾脏肿大、出血，犹如猪瘟的"麻雀蛋"
（联合国粮食及农业组织《非洲猪瘟：发现与诊断兽医指导手册》）

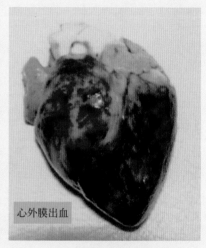

心外膜出血

图2-1-20　心脏外膜有出血点，心耳出血点

（联合国粮食及农业组织《非洲猪瘟：发现与诊断兽医指导手册》）

（5）肺水肿，淤血，出血；气管、支气管有泡沫和淡黄色渗出液。

（6）肝肿大，淤血，表面常见大量出血点，肝门淋巴结肿大、出血，呈血肿样（图2-1-21）。胆囊出血。

（7）胃浆膜和黏膜出血（图2-1-22），肠浆膜和黏膜出血。

（8）皮下出血。

（三）亚急性型

1.临床症状

（1）高热，体温达40.5℃以上，或无规律波动，食欲不振，呼吸困难。病程5～30d，死亡率30%～70%。

（2）关节肿大，行走时出现疼痛。

图2-1-21　肝肿大、出血，肝门淋巴结出血，黑褐色
（潘耀谦，2017）

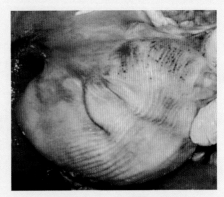

图2-1-22　胃浆膜出血
（联合国粮食及农业组织《非洲猪瘟：发现与
诊断兽医指导手册》）

（3）妊娠母猪流产。

2.病理变化

（1）剖检关节腔有积液或纤维化

（2）浆液性心包炎，心包积液，或发展为纤维性心包炎。

（四）慢性型

1.临床症状

（1）轻度发热，或无规律波动；轻度呼吸困难，湿咳。病程2～15个月，死亡率30%以下。

（2）重度关节肿胀，行走疼痛。

（3）毛色暗淡，皮肤红斑、凸起、溃疡或坏死（图2-1-23）。

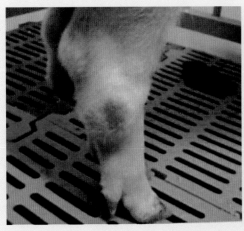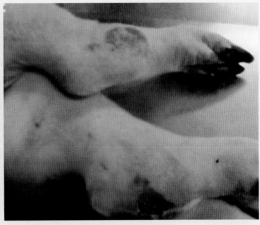

图2-1-23　非洲猪瘟慢性型，皮肤红斑，关节肿胀、坏死
（联合国粮食及农业组织《非洲猪瘟：发现与诊断兽医指导手册》）

（4）消瘦或发育迟缓，体弱。

2.病理变化

（1）肺炎，肺部有干酪样坏死或局部钙化灶。

（2）纤维性心包炎。

（3）淋巴结肿大，局部出血，主要是纵隔淋巴结。

（五）无害化处理

按照农业部《非洲猪瘟防治技术规范（试行）》和《非洲猪瘟疫情应急预案》要求，对病猪、同群猪，以及疫点所有生猪进行扑杀，并对所有病死猪、被扑杀猪及其产品进行无害化处理。

四、猪繁殖与呼吸综合征（Porcine reproductive and respiratory syndrome，PRRS）

猪繁殖与呼吸综合征又称"猪蓝耳病"，包括"经典蓝耳病"和"高致病性猪蓝耳病"。我国将"高致病性猪蓝耳病"列为一类动物疫病，"经典猪蓝耳病"列为二类动物疫病。

（一）经典猪蓝耳病

1.临床症状　主要感染仔猪和繁殖母猪，育成猪没有明显症状。

（1）仔猪病情严重：高热40℃，呼吸急促。

（2）躯体末端发绀，耳朵蓝紫，眼睑水肿（图2-1-24、图2-1-25）。

（3）繁育母猪厌食、咳嗽、流产、产死胎。

（4）公猪食欲下降、性欲减退、精液稀少。

2.病理变化　本病特征性病变见于肺脏，以间质性肺炎为特点。仔猪比较明显，其他猪病理变化不明显。

图2-1-24　猪蓝耳病—双耳发绀，呈蓝紫色

（潘耀谦，2017）

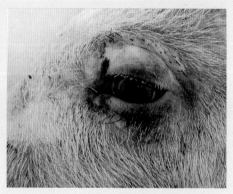

图2-1-25　猪蓝耳病——眼睑水肿

（江斌，2015）

（1）肺淤血、肿大，间质增宽，质地坚硬。

（2）腹股沟浅淋巴结明显肿大。

（二）高致病性猪蓝耳病

1.临床症状

（1）体温40℃以上，咳嗽、气喘、呼吸困难；后肢麻痹；厌食、呕吐。

（2）躯体末端：耳朵、外阴、乳头、尾巴、胸腹下部和四肢末端呈蓝紫色（图2-1-26）。

（3）眼结膜发炎，双眼肿胀。

（4）怀孕母猪流产、产生胎。

2.病理变化 本病的病理变化具有多样性，以呼吸器官和肺病变最为严重。

（1）肺膨大、淤血、水肿（图2-1-27）、暗红色，肺间质增宽，小叶明显。胸腔有积液。鼻咽喉、气管和支气管充血、出血，小支气管和细支气管充满脓样渗出液。

图2-1-26 猪蓝耳病——全身性淤血，躯体末端蓝紫色

（潘耀谦，2017）

图2-1-27 猪蓝耳病——肺脏淤血、水肿

（潘耀谦，2017）

（2）肝肿大，暗红色或土黄色，质脆。胆囊扩张，胆汁黏稠。

（3）脾肿大，表面常见米粒大小出血丘疹，有时可见边缘出血性梗死。

（4）全身淋巴结肿大，灰白色（图2-1-28），切面外翻，下颌、支气管、股前和肠系膜淋巴结明显。

五、炭疽（Anthrax）

炭疽是由炭疽杆菌引起的人兽共患

图2-1-28 猪蓝耳病——下颌淋巴结肿大，灰白色

（宣长和等《猪病混合感染鉴别论断与防治彩色图谱》）

传染病，可引起多种动物患病。猪常见的是咽炭疽，肠炭疽和肺炭疽少见，罕见败血型炭疽。在我国，本病被列为二类动物疫病。

（一）临床症状

1.咽型炭疽　高热41℃以上，咽喉部、颈部、前胸显著肿大，即"腮大脖子粗"（图2-1-29），可视黏膜发绀，咽喉肿胀变窄，呼吸困难、吞咽困难，严重的窒息死亡。

2.肠型炭疽　体温升高，持续性便秘或血痢，或交替发生，腹痛。

3.败血型炭疽　体温升高，可视黏膜发绀，粪便带血。

（二）病理变化

1.咽型炭疽　咽喉部、颈部以及前胸急性肿胀，黏膜下组织胶样浸润。头颈部淋巴结，尤其下颌淋巴结急剧肿大数倍，可达鸭蛋大，切面樱桃红色或砖红色（图2-1-30），中央有黑色凹陷的坏死灶，脆而硬，刀割有沙砾感，淋巴结周围胶样浸润。下颌副淋巴结和腮淋巴结也有类似病变。扁桃体出血，表面有黑褐色坏死假膜。

图2-1-29　猪咽型炭疽症状——"腮大脖子粗"
（中国食品总公司，1979）

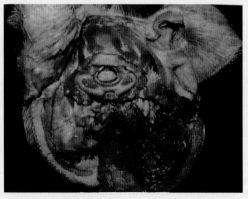

图2-1-30　猪咽炭疽——淋巴结出血坏死，砖红色，周围组织出血性浸润
（潘耀谦，2017）

2.肠型炭疽　主要发生于小肠，以坏死淋巴小结为中心，形成坏死灶，其表面覆盖黑色或黄红色痂膜，或形成肠炭疽痈（图2-1-31），痂膜脱落后形成火山口状溃疡，邻近的肠黏膜出现血性胶样浸润；肠系膜淋巴结肿大、出血，砖红色（图2-1-32），质地脆而硬。小肠、大肠淤血、出血，呈黑红色（图2-1-33）。

3.败血型炭疽　尸僵不全，天然孔出血，肛门外翻；切开血管流出黑红色煤焦油样凝固不全的血液；脾脏极度肿大，黑红色，柔软如泥状（图2-1-34）；全身淋巴结肿大暗红色。

图2-1-31　肠炭疽痈
(潘耀谦，2017)

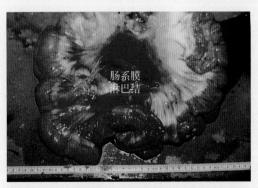

图2-1-32　肠炭疽——淋巴结出血，砖红色，
肠系膜出血性浸润
(潘耀谦，2017)

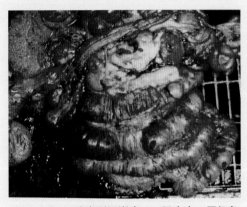

图2-1-33　败血型肠炭疽——肠出血，黑红色
(潘耀谦，2017)

图2-1-34　败血型炭疽——脾脏极度肿大，黑
红色，柔软呈泥状
(潘耀谦，2017)

4.肺型炭疽　多见于膈叶，有大小不一的病变肿块，质脆而硬，暗红色，有灰黑色坏死灶。支气管淋巴结和纵隔淋巴结肿大，砖红色，周围有胶样浸润。

说明：由于炭疽杆菌暴露在空气中形成芽孢后抵抗力极强，不易杀灭，会形成永久性的疫源地，因此，严禁剖检炭疽病猪和可疑炭疽病猪。

六、猪丹毒 (Swine erysipelas)

猪丹毒是由猪丹毒杆菌引起的一种人畜共患传染病，为我国二类动物疫病。

(一) 临床症状

1.急性败血型　病猪高热42~43℃，寒战呕吐，腰背拱起，粪便干硬覆有黏液，后期下痢。皮肤充血，有大片紫红色丹毒性红斑，指压褪色，俗称"大红袍"（图2-1-35）。

2.亚急性疹块型 病猪高热41℃以上，皮肤充血，有形状和数量不等的疹块（图2-1-36），高于皮肤，紫红色；后期淤血变为黑紫色，指压褪色，俗称"打火印"。

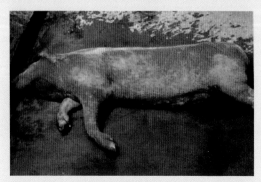

图2-1-35 急性败血型猪丹毒——全身紫红色，俗称"大红袍"

(潘耀谦，2017)

图2-1-36 亚急性疹块型猪丹毒——疹块隆起于皮肤，指压褪色

(潘耀谦，2017)

3.慢性型

（1）心内膜炎型 呼吸困难，心跳加快，可视黏膜发绀。

（2）关节炎型 四肢关节肿胀、变形、疼痛，跛行或卧地不起。

（3）皮肤坏死型 皮肤坏死形成黑色痂皮，严重时，耳朵、尾巴末梢或蹄壳坏死、脱落。

（二）病理变化

1.急性败血型

（1）肾脏肿大，暗红色，俗称"大红肾"（图2-1-37），切面外翻，肾包膜易剥离。

（2）脾脏明显肿大，紫红色，切面外翻（图2-1-38），用刀背轻刮有多量的血

图2-1-37 急性猪丹毒——肾脏肿大，暗红色，有出血点，俗称"大红肾"

(崔治中，2013)

图2-1-38 急性猪丹毒——脾脏明显肿大，紫红色，边缘钝圆，切面外翻

(崔治中，2013)

粥样物。脾切面的白髓周围有"红晕"现象，这是急性猪丹毒的特征性变化。

（3）胃和小肠出血。

（4）全身淋巴结肿大，暗红色，切面隆突外翻（图2-1-39），有斑点状出血。

2.慢性型

（1）心内膜炎型　心内膜上有灰白色菜花样血栓性增生物（图2-1-40），主要发生在二尖瓣，其次是主动脉瓣、三尖瓣和肺动脉瓣。

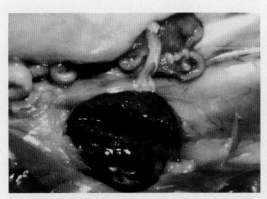

图2-1-39　急性猪丹毒——淋巴结出血、肿大、
　　　　　暗红色，切面隆突外翻
　　　　　　　　　　　　（潘耀谦，2017）

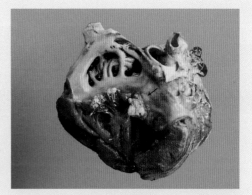

图2-1-40　慢性型猪丹毒——心内膜炎型，
　　　　　二尖瓣上有菜花样血栓性增生物
　　　　　　　　　　　　（江斌，2015）

（2）关节炎型　常与心内膜炎型同时出现，四肢关节肿胀、变形，关节液呈黄色或红色混浊浆液，滑膜有红色绒毛样物质。

七、猪肺疫（Swine plague）

猪肺疫又称猪巴氏杆菌病，俗称"锁喉风"，是人兽共患传染病。为我国二类动物疫病。

（一）临床症状

1.病猪体温升高达41℃以上，咽喉肿胀，坚硬；犬坐姿势，呼吸困难，伸颈、张口、喘鸣，俗称"锁喉风"（图2-1-41）。

2.口鼻流出白沫，有脓性眼屎。

3.全身皮肤发绀（图2-1-42）或出血点。

图2-1-41　猪肺疫——呈犬坐姿势，伸颈、张
　　　　　口，呼吸困难
　　　　　　　　　　（中国食品总公司，1979）

（二）病理变化

本病主要病变发生于肺部和咽喉部。

1.全身皮肤淤血而发绀，有紫红色斑块；皮下组织、浆膜和黏膜有出血点。

2.咽喉部肿胀，黏膜水肿，切开皮肤有大量胶冻样淡红黄色液体。

3.肺脏水肿，有大量红色肝变病灶和大量暗红色出血斑块（图2-1-43），肺表面呈现大理石样花纹样；肺和胸膜表面有黄白色渗出物形成的薄膜，使肺与胸膜发生粘连。

图2-1-42 猪肺疫——咽喉肿胀坚硬，全身皮肤发绀

(徐有生，2009)

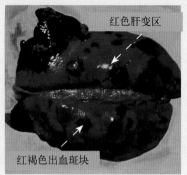

图2-1-43 猪肺疫——肺表面红色肝变区内散在大量红褐色出血斑块

(潘耀谦，2017)

4.全身淋巴结肿大、出血，特别是下颌、咽后及颈部淋巴结高度肿大、出血，切面呈大理石样花纹样（图2-1-44）。

5.胸腔积液，内含纤维蛋白凝块的混浊液体。

6.心包积液，呈淡红黄色，混浊有絮状物，心外膜覆有纤维蛋白呈绒毛状，称为"绒毛心"（图2-1-45）。

图2-1-44 猪肺疫——支气管淋巴结肿大、出血，切面大理石花纹样

(潘耀谦，2017)

图2-1-45 猪肺疫——心外膜覆有大量纤维蛋白，形成"绒毛心"

(潘耀谦，2017)

八、猪副伤寒（Swine paratyphoid）

猪副伤寒，又称猪沙门氏菌病，是人兽共患传染病，主要侵害2～4月龄仔猪。为我国三类动物疫病。

（一）临床症状

本病是以皮肤发绀、顽固性腹泻为主要临床特征的猪消化道传染病。

1.病猪高热40℃以上，畏寒怕冷，扎堆取暖（图2-1-46），腹痛尖叫。

2.耳朵和头、颈、腹等下部及四肢内侧皮肤发紫。

3.眼结膜有脓性分泌物。

4.便秘与下痢交替进行，但主要是下痢，粪便呈粥样，灰白色、淡黄色或暗绿色，有恶臭（图2-1-47），有时排便失禁，自然下流。病猪消瘦。

图2-1-46 猪副伤寒——病猪发热，畏寒怕冷
扎堆取暖
（潘耀谦，2017）

图2-1-47 猪副伤寒——病猪腹泻，排出暗绿
色稀便，有恶臭
（潘耀谦，2017）

（二）病理变化

1.全身淤血，皮肤有紫斑；全身浆膜、黏膜有出血点。

2.肝肿大、淤血、点状出血，表面和切面有针尖至粟粒大灰红色和灰白色的副伤寒结节（图2-1-48）。

3.脾肿大，坚硬似橡皮，暗紫色，有出血点（图2-1-49）切面有"红晕"现象。

4.肾肿大，点状出血，肾盂和膀胱黏膜有出血点。

5.小肠壁菲薄，紫红色，内含大量气体，肠壁有点状出血（图2-1-50）。

6.全身淋巴结肿大、出血。急性副伤寒肠系膜淋巴结肿大明显；慢性副伤寒肠系膜、咽后、肝门淋巴结明显肿大，切面呈灰白色脑髓样结构。

7.慢性副伤寒盲肠、结肠黏膜覆盖灰黄或淡绿色糠麸样假膜（图2-1-51），脱落后可形成溃疡。

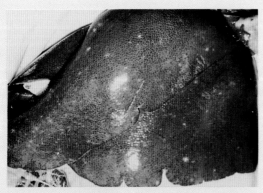

图2-1-48 猪副伤寒——肝脏表面和切面有灰白色副伤寒结节

(徐有生，2009)

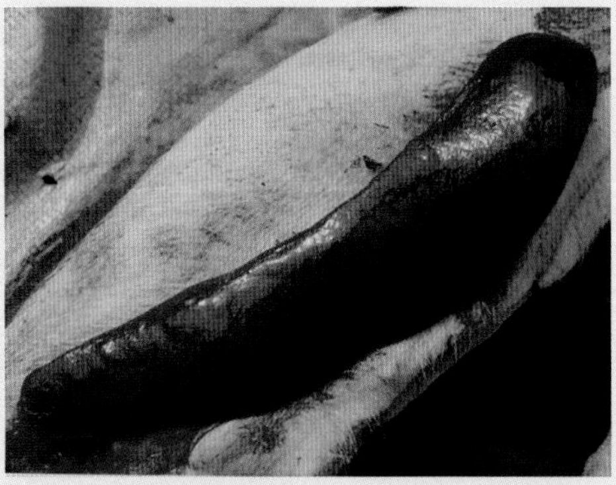

图2-1-49 猪副伤寒——脾肿大，有出血点和紫红色出血斑

(潘耀谦，2017)

图2-1-50 猪副伤寒——小肠壁菲薄，点状出血，内含大量气体

(潘耀谦，2017)

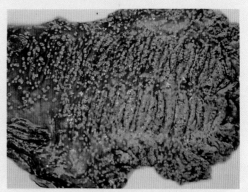

图2-1-51 猪慢性副伤寒——盲肠、结肠黏膜覆盖一层糠麸样坏死假膜

(崔治中，2013)

九、猪Ⅱ型链球菌病（Streptococcus suis serotype Ⅱ disease）

猪Ⅱ链球菌病是人兽共患传染病。猪链球菌根据荚膜抗原不同分为35个血清型，最常见的致病血清型为Ⅱ型，对多种动物和人有很强的致病性。为我国二类动物疫病。

（一）临床症状

1.败血症型　病猪体温升高达41℃左右，呼吸困难，喜饮水；颈下、胸下、腹下、会阴部及四肢末端皮肤紫红色，有出血点（图2-1-52）。

2.脑膜炎型　病猪运动失调，转圈、空嚼、磨牙，有人接近时惊恐尖叫，或抽搐；或突然倒地侧卧，口吐白沫，四肢做游泳状运动；甚至昏迷不醒。死前出现角弓反张（图2-1-53）。

3.关节炎型　关节肿大、变形，或破损流脓，运动障碍，跛行。

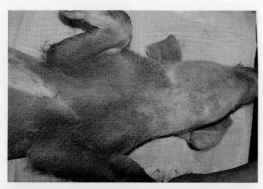 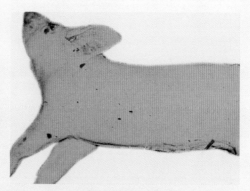

图2-1-52　败血型猪链球菌病——皮肤淤血、出血

（潘耀谦，2017）

图2-1-53　脑膜炎型猪链球菌病——死前出现角弓反张症状

（潘耀谦，2017）

4.淋巴结脓肿型　常见下颌淋巴结，腮部、颈部脓肿，后期自行破损排脓。

（二）病理变化

1.败血症型

（1）病猪颈下、胸下、腹下、会阴部及四肢内侧皮肤有紫红色淤血斑和暗红色的出血点。

（2）全身淋巴结肿大、出血、化脓或坏死，切面可见小脓灶，内脏淋巴结如肝、脾、胃、支气管淋巴结明显。

（3）脾脏显著肿大1～3倍，形成"巨脾症"（图2-1-54），这可区别于副猪嗜血杆菌病；脾质地柔软，紫红色或黑紫色，切面隆突黑红色，表面多覆盖纤维素。

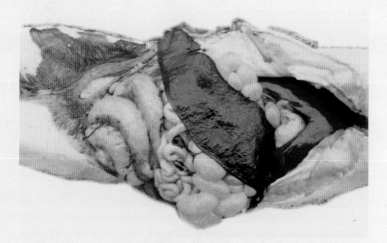

图2-1-53　败血型猪链球菌病——脾肿大1～3倍，呈"巨脾症"

（芦惟本，2011）

（4）肺脏膨大、水肿、出血（图2-1-55），可见密集的化脓性结节或脓肿（图2-1-56）。

图2-1-55　败血型猪链球菌病——肺膨大、水　　图2-1-56　败血型猪链球菌病——化脓性肺炎
　　　　　　肿、出血　　　　　　　　　　　　　　　　　　　　（江斌，2017）
　　　　　　　　（潘耀谦，2017）

（5）肝脏肿大，暗红色，边缘钝圆，质硬，肝叶之间及下缘有纤维素附着。

（6）肾稍肿大，暗红色，有出血点。

（7）膀胱黏膜充血，可见小出血点。

（8）心外膜有鲜红色出血斑点（图2-1-57）。

（9）胸腹腔器官表面覆盖纤维渗出物（图2-1-58），胸腹腔和心包腔内有淡黄色混浊液。

2.脑膜炎型　脑水肿、脑淤血、脑脊液增多。

3.关节炎型　关节肿大、变形，关节腔内有混浊的关节液，内含黄白色奶酪样

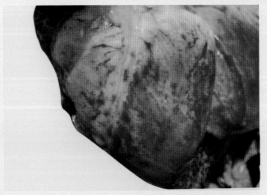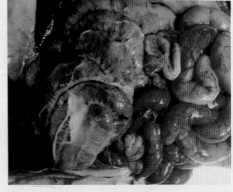

图2-1-57　败血型猪链球菌病——心外膜淤血、　图2-1-58　败血型猪链球菌病——腹腔器
　　　　　　出血　　　　　　　　　　　　　　　　　　　　官表面有纤维素渗出物
　　　　　　　　（潘耀谦，2017）　　　　　　　　　　　　　　（江斌，2015）

块状物，关节软骨面糜烂，周围组织有多发性化脓灶（图2-1-59）。

4.淋巴结脓肿型　腮部、颈部肿大，常见下颌淋巴结肿大，可见小脓灶。

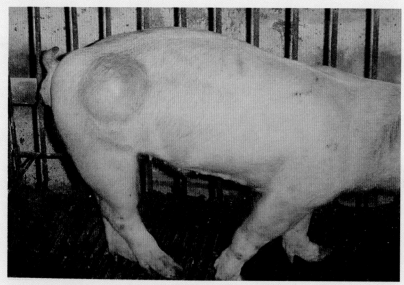

图2-1-59　关节炎型猪链球菌病——化脓性髋关节脓肿

(潘耀谦，2017)

十、猪支原体肺炎（Mycoplasmal pneumonia of swine，MPS）

猪支原体肺炎俗称"猪气喘病"或"猪地方流行性肺炎"，是由猪肺炎支原体引起的一种慢性呼吸道传染病。为我国二类动物疫病。

（一）临床症状

本病主要临床症状为咳嗽和气喘。

病猪呼吸困难，张口喘气，伴有喘鸣声，咳嗽时低头伸颈、腰背拱起，用力连续咳嗽数次，时发阵咳，腹式呼吸或犬坐姿势（图2-1-60）。

（二）病理变化

本病主要病理变化在肺脏、支气管淋巴结和纵隔淋巴结。

1.两肺高度膨胀，呈现严重水肿和气肿，几乎充满整个胸腔（图2-1-61），有肋压痕。

2.肺的尖叶、心叶、中间叶和膈叶的前下缘出现左右对称性病灶，形成"八"字形，病变区如鲜嫩肉样，俗称"肉样变"（图2-1-62）；病程延长，病变区似胰脏组织样，俗称"胰样变"（图2-1-63）。

3.支气管淋巴结和纵隔淋巴结显著肿大，质地坚实，切面灰白色。

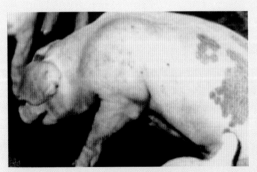

图2-1-60　急性型猪支原体肺炎——犬坐姿
　　　　　势，剧烈痉挛性咳嗽

（潘耀谦，2017）

图2-1-61　猪支原体肺炎——肺高度气肿膨
　　　　　胀，充满整个胸腔

（潘耀谦，2017）

图2-1-62　猪支原体肺炎——肺尖叶、心叶、
　　　　　膈叶呈"肉样变"

（宣长和，2010）

图2-1-63　猪支原体肺炎——肺尖叶、心叶、
　　　　　膈叶呈"胰样变"

（宣长和，2010）

十一、副猪嗜血杆菌病（Haemophilus parasuis infection）

副猪嗜血杆菌病多因长途运输疲劳，抵抗力降低，或应激性刺激而继发感染形
成，有"猪运输病"之说。为我国二类动物疫病。

（一）临床症状

1.病猪体温达41℃左右，全身皮肤淤血，耳部、胸背部、四肢末端呈蓝紫色
（图2-1-64）。

2.呼吸困难，呼吸频率加快，浅表
呼吸。

3.关节肿胀，疼痛跛行，足尖站
立、侧卧或震颤，驱赶时尖叫。

（二）病理变化

本病特征性病变为全身浆膜表面覆
盖纤维蛋白渗出物。

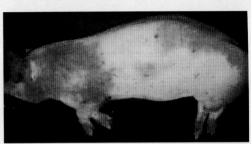

图2-1-64　副猪嗜血杆菌病——四肢末端、耳
　　　　　部、胸背部形成蓝紫色淤斑

（潘耀谦，2017）

1.病猪胸、腹腔器官，包括肺、肝、脾、肠、心包的表面，以及胸膜和腹膜表面，有淡黄色蛋皮样的纤维素性薄膜覆盖（图2-1-65、图2-1-66），使器官之间发生粘连，肺与胸壁粘连，胸腔积液（图2-1-67）。或引发肠气泡症（图2-1-68）。

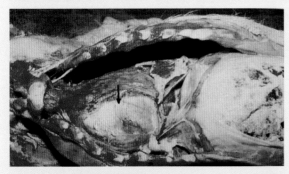

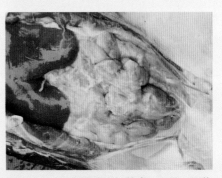

图2-1-65　副猪嗜血杆菌病——心包（↓）、肺、胸膜、腹膜、肝脏被覆纤维蛋白薄膜

（潘耀谦，2017）

图2-1-66　副猪嗜血杆菌病——胃、肠浆膜被覆大量纤维蛋白渗出物

（陈怀涛，2008）

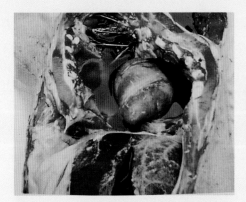

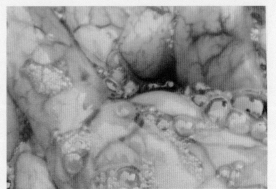

图2-1-67　副猪嗜血杆菌病——胸腔积液，心脏、肝脏有纤维蛋白渗出物

（崔治中，2013）

图2-1-68　副猪嗜血杆菌病——肠气泡症

（潘耀谦，2017）

2.纤维渗出物包裹心外膜，常形成"绒毛心"，并引起心包粘连和心包积液（图2-1-69）。

3.关节肿胀，关节面覆盖"弹花样"白色纤维蛋白，关节腔有混浊积液，含黄绿色纤维素性渗出物。

4.全身淋巴结肿大，切面呈灰白色，如下颌、支气管、肝、股前淋巴结明显。

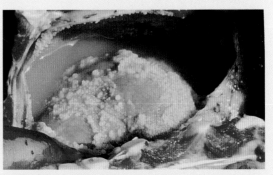

图2-1-69　副猪嗜血杆菌病——心包积液，心外膜形成"绒毛心"（潘耀谦）

十二、丝虫病

感染猪的丝虫病主要是"猪浆膜丝虫病"，其病原为丝虫目双瓣科的猪浆膜丝虫。

猪浆膜丝虫病（Serofilaria suis）

猪浆膜丝虫主要寄生于猪的浆膜淋巴管内，虫体为乳白色，细如毛发。猪浆膜丝虫病为我国三类动物疫病。

（一）临床症状

病猪体温升高，惊悸吼叫；呼吸困难，剧烈湿咳；离群独居，"五足拱地"（四肢站立，吻突拱地）。

（二）病理变化

1.猪浆膜丝虫主要寄生于心脏的前、后纵沟和冠状沟部位的心外膜淋巴管内，在心脏表面形成芝麻粒大小灰白色圆形或椭圆形的透明包囊（图2-1-70），透过包囊可见白色卷曲的虫体，数量多时可在心脏表面形成长条索状（图2-1-71）。

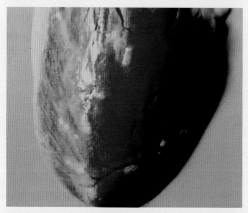

图2-1-70　猪浆膜丝虫病——心外膜表面有乳白色水泡样的浆膜丝虫寄生病灶，形成包囊

（陈怀涛，2008）

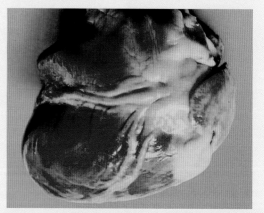

图2-1-71　猪浆膜丝虫病——心脏纵沟淋巴管内有浆膜丝虫寄生，呈乳白色长条状

（陈怀涛，2008）

2.用针刺破包囊，可挑出白色的虫体。虫体钙化后形成针尖大小砂粒状的钙化结节。

3.猪浆膜丝虫还寄生在肝、胆囊、膈肌、子宫及肺动脉基部的浆膜淋巴管内。

附：猪肺线虫病（Lungworms disease of swine）

猪肺线虫病是由圆线目后圆科后圆属（Metastrongylus）的线虫寄生于猪的气管、支气管内引起的疾病。猪肺线虫虫体白色细长，有人又称"肺丝虫"（但不属丝虫目）。猪肺线虫病为我国三类动物疫病。

（一）临床症状

临床症状不明显，有阵咳、脓性鼻屎等；严重感染时，出现呼吸困难、肺部有啰音。

（二）病理变化

1.肺线虫主要寄生于肺膈叶边缘区的小支气管、细支气管和肺泡内。

2.虫体阻塞细支气管后出现小叶性肺气肿，或大片肺气肿区，呈现灰白色的隆起（图2-1-72、图2-1-73）。剖检肺气肿区，可见细支气管和小支气管黏膜充血、肿胀，内有大量虫体和黏液（图2-1-74）。

3.如继发感染，可形成化脓性肺炎（图2-1-75）。

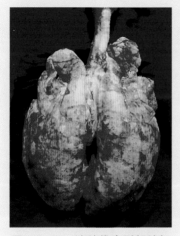

图2-1-72 猪肺线虫引起肺气肿，可见灰白色气肿灶

（潘耀谦，2017）

图2-1-73 猪肺线虫阻塞支气管，在肺边缘形成灰白色气肿灶

（潘耀谦，2017）

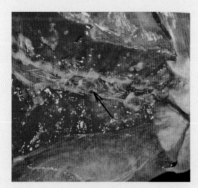

图2-1-74 纵切支气管，可见管腔中有大量的肺线虫寄生

（潘耀谦，2017）

图2-1-75 猪肺线虫继发感染引起的化脓性肺炎

（潘耀谦，2017）

十三、猪囊尾蚴病 (Cysticercosis cellulosae)

猪囊尾蚴又叫猪囊虫，是猪带绦虫的幼虫，多种动物易被感染。被囊尾蚴感染的猪肉俗称"米猪肉"或"豆猪肉"。猪囊尾蚴病是人兽共患寄生虫病，为我国二类动物疫病。

图2-1-76　猪肌肉内囊尾蚴的放大图像，囊泡呈半透明状

（潘耀谦，2017）

（一）病原特性

猪囊尾蚴呈椭圆形，为半透明的囊泡（图2-1-76），平均有黄豆粒大小。囊泡内充满液体，囊壁上有一个小米粒大小的圆形乳白色的头节，镜检可见头节有四个圆形吸盘和一个顶突，顶突上有两圈角质小钩（25～50个）。

（二）临床症状

患猪囊尾蚴的病猪临床症状不明显，一般采用"一看、二摸"的方法进行综合判断。

1.一看（看体型、看眼球）　轻度感染无症状，重度感染时，病猪体型呈"肩宽臀大"哑铃状；查看眼球是否突出，翻开眼睑，可见豆粒大半透明包囊凸起。

2.二摸（摸舌头）　将猪保定好，用开口器将口打开，手持一块湿布防滑，将舌头拉出，触摸舌根、舌上、下面，有无囊虫引起的黄豆粒大小的结节。

（三）病理变化与检查方法

1.猪囊尾蚴主要寄生于骨骼肌、心肌、脑、眼等处，常见咬肌、舌肌、腰肌、膈脚、心肌、肩胛骨外侧肌肉、股骨内侧肌肉和臀部肌肉等（图2-1-77、图2-1-78、图2-1-79）。

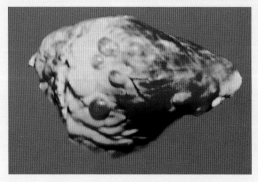

图2-1-77　猪心肌寄生囊尾蚴

（崔治中，2013）

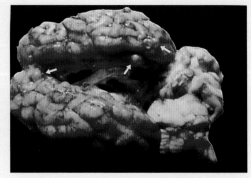

图2-1-78　猪脑部寄生囊尾蚴（↑）

（崔治中，2013）

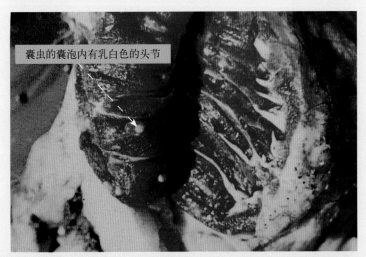

囊虫的囊泡内有乳白色的头节

图2-1-79 猪宰后剖检咬肌，肌纤维间有半透明状的囊尾蚴囊泡（↑）

（潘耀谦，2017）

2.检查猪囊尾蚴常采用剖检易感染肌肉的方法。按照《生猪屠宰检疫规程》的规定，猪宰后检查囊尾蚴主要剖检咬肌和腰肌（见第四章）。在检查实践中，还要特别注意心肌和膈肌有无囊虫。

十四、旋毛虫病（Trichinosis）

旋毛虫病是由毛形科毛形属旋毛线虫（简称旋毛虫）引起的，是人兽共患寄生虫病，可感染多种动物，人感染后可引起死亡。本病为我国二类动物疫病。

（一）临床症状

感染旋毛虫的病猪宰前无明显临床症状。

（二）病理变化与检查方法

1.病理变化

（1）幼虫主要寄生于横纹肌，以膈肌、咬肌、舌肌、喉肌、肋间肌最多。

（2）视检被感染肌肉时，可见虫体包囊为针尖大小的露滴状，半透明，乳白色或灰白色。

（3）新鲜标本光镜下包囊呈梭形，内有卷曲的1条或数条虫体（图2-1-80、图2-1-81、图2-1-82）。

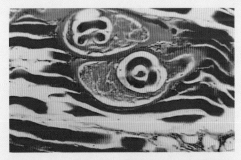

图2-1-80 猪旋毛虫在肌纤维内形成梭形包囊，虫体卷曲在梭形包囊内（HE染色×100）

（潘耀谦，2017）

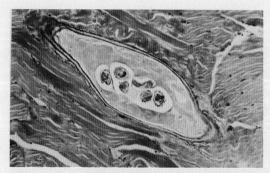

图2-1-81 猪旋毛虫囊壁分为内、外两层，囊中有幼虫片段（三色法色体×100）

（潘耀谦，2017）

图2-1-82 猪宰后新鲜标本镜检压片，可见包囊内卷曲的虫体（压片×60）

（潘耀谦，2017）

2.宰后检查方法

（1）检验旋毛虫一般采用膈脚压片镜检法，也可采用消化法。

（2）按《生猪屠宰检疫规程》规定，生猪宰后检验旋毛虫，应采集新鲜膈脚，感官检验后再压片镜检（见第四章）。

第二节　生猪屠宰检验主要的不合格肉品

按照《生猪屠宰产品品质检验规程》（GB/T 17996−1999）的规定，生猪屠宰需进行肉品检验，对检后不合格肉品应按有关规定进行处理，处理方法详见附表三。

一、病死猪肉

（一）健康猪肉的鉴别

1.有弹性，指压后立即复原，触摸切面微黏手。

2.血管中无凝血。

3.肌肉红色，有光泽（图2-2-1），坚实弹性好，不易撕开。

4.脂肪洁白亮泽，皮下脂肪切面呈颗粒状凹凸不平。

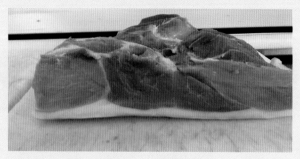

图2-2-1 健康猪肉

5.胴体放血刀口和腹部刀口因肌僵而切面外翻，放血刀口被血液红染。

6.放置后或手压切面无汁液渗出。

7.用吸水纸贴在切面上，取下吸水纸可用火完全点燃。

（二）病死猪和病死猪肉的鉴别

1.病死猪的鉴别

（1）放血高度不良，多因自然死亡没有放血，或死后被死宰所致。

（2）病死猪体表严重淤血，暗红色。

（3）被急宰或死宰的胴体，放血和腹部刀口平整，无外翻现象，无血迹浸染。

（4）物理致死的，往往有致死的遗痕，如外伤、压痕、勒痕、骨折等。

（5）治疗后死亡的，往往在颈部、臀部肌肉等有注射痕迹。

（6）因疫病死亡的，尸体具有某一疫病的特征性病理变化。

2.病死猪肉的鉴别

（1）弹性差，指压后有凹陷，不易复原，触摸切面有黏腻感。

（2）血管内有凝血。

（3）肌肉暗红或有血迹、松软弹性差，易撕开（图2-2-2）。

（4）脂肪呈桃红色，皮下脂肪切面平整如熟肉。

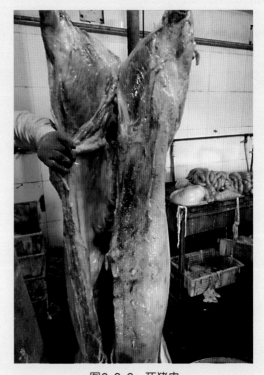

图2-2-2　死猪肉

（5）肉切面以及肝、脾、肺、肾实质器官切面有血液流出。

二、注水肉

注水肉（图2-2-3）与健康肉（图2-2-1）比较有如下特点：

1.注水肉外表呈水莹状，颜色泛白，指压后不易复原，切面湿润黏性差。

2.肌肉颜色淡红色，弹性小。

3.脂肪苍白无光。

4.放置后或手压有汁液或浅红色血水流出。

图2-2-3　注水肉外表呈水莹状，颜色泛白（商务部）

5.冷冻后肉质晶莹如冰。

6.用吸水纸贴在切面上，取下吸水纸不能用火点燃或不完全点燃。

三、"瘦肉精"猪肉

"瘦肉精"是一类药物的统称，主要是肾上腺素类、β-激动剂、β-兴奋剂，包括盐酸克仑特罗、莱克多巴胺、沙丁胺醇等。"瘦肉精"大剂量添加于饲料中可以促进动物的生长，减少脂肪含量，提高瘦肉率。但人食用了"瘦肉精"肉会引起中毒，我国明令禁止在动物饲料和饮水中添加"瘦肉精"，否则就是犯法行为。

按照农业农村部的有关规定，生猪屠宰要进行"瘦肉精"检测。一般采用快速检测方法进行初步筛选，如发现"瘦肉精"猪或疑似"瘦肉精"猪，再通过免疫技术和色谱技术等方法进一步确诊。

（一）"瘦肉精"检测取样方法

宰前检测"瘦肉精"，采用随机接取生猪尿液进行检测（详见第三章）。

宰后检测"瘦肉精"，样品来源可以是猪肉、猪肝或猪尿。宰后猪尿样品采集可以在剖腹取膀胱之后进行（详见第四章）。

（二）"瘦肉精"实验室检测（见第五章）

（三）"瘦肉精"检测后的处理（见附表三）

四、水肿

体液在组织间隙内积聚过度称为水肿。水肿可分为局部水肿和全身水肿。宰后常见的水肿如下：

1.皮下水肿　可见皮肤肿胀，色泽变浅，失去弹性，指压常遗留压痕；切开可见皮下有大量淡黄色的胶样液体（图2-2-4），如猪水肿病时的眼周水肿（图2-2-5）。

2.黏膜水肿　猪水肿病胃黏膜水肿（图2-2-6）、肠黏膜水肿（图2-2-7）。

3.内脏器官水肿　内脏器官中常见肺水肿（图2-2-7），一般由肺充血、肺淤血发展而来，可见肺体积增大，弹性下降，被膜紧张；切面暗红色，流出泡沫状液体，如高致性猪蓝耳病等。

4.全身水肿　全身组织器官肿胀，缺乏弹性，常伴有体腔积液。

图2-2-4　猪水肿病——头部皮下水肿

（潘耀谦，2017）

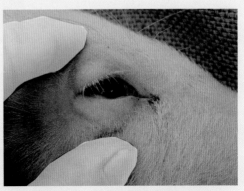

图2-2-5　猪水肿病——眼周水肿

（潘耀谦，2017）

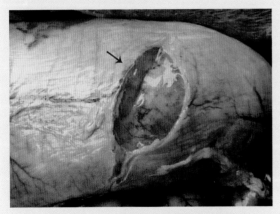

图2-2-6　猪水肿病——胃黏膜壁水肿

（江斌，2015）

图2-2-7　猪水肿病——肠黏膜水肿

（潘耀谦，2017）

五、脓肿

脓肿是组织器官内的化脓性炎症，病变组织坏死、溶解，并形成完整的包囊，囊腔内充满脓汁。致病菌多为葡萄菌、链球菌、化脓棒状杆菌等。宰后常见如下脓肿：

1.皮肤脓肿　多发生于耳根（图2-2-8）、颈部、臀部，多因外伤和注射感染引起，可见注射痕迹。

2.四肢和关节脓肿　比较常见，可见病肢和关节肿胀变粗或破损流脓（图2-2-9）。

图2-2-8　颈部脓肿

（宣长和，2010）

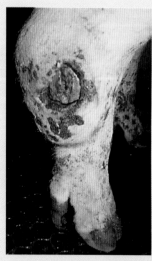
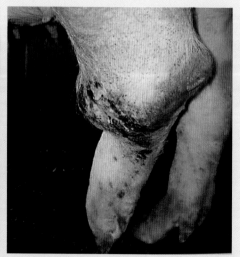

图2-2-9　链球菌引起的关节脓肿

(徐有生，2009)

3.内脏器官脓肿　如肝脓肿（图2-2-10）、肺脓肿（图2-2-11）、肾脓肿，以及乳房脓肿也比较常见。

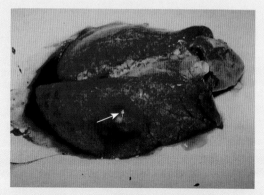

图2-2-10　化脓棒状杆菌引起的肝脓肿　　　　图2-2-11　链球菌引起的肺脓肿

(徐有生，2009)　　　　　　　　　　　　　(潘耀谦，2017)

六、脓毒症

脓毒症是化脓菌侵入血液引发的败血症，多见肺炎、泌尿系统感染、蜂窝织炎、脓肿等发展而来。脓毒症除有原发性化脓性病灶外，在脾、肺、肾等器官还可见转移来的多量新化脓病灶（无包囊）。

七、尿毒症

尿毒症是由于肾机能不全或衰竭，导致代谢产物在体内蓄积所引起的一种自体中毒综合征。

1.临床症状　猪精神沉郁，衰弱无力，嗜睡或昏迷或兴奋痉挛，呼出的气体带有尿骚味等。

2.病理变化　肉有明显的尿骚味；肾肿大、衰竭，皮质易破碎。

八、肿瘤

肿瘤是机体局部组织细胞异常增生形成的肿块，分为良性肿瘤和恶性肿瘤。

1.良性肿瘤　良性肿瘤呈球形或结节状，用手可推动，表面较平整，不破溃，有包膜，与周围组织分界清楚，切面呈灰白色或乳白色，质地较硬。

2.恶性肿瘤　恶性肿瘤（图2-2-12、图2-2-13）形状不规则，可见菜花样，用手不易推动，表面凹凸不平，常无包膜，与周围组织分界不清楚，切面呈灰白色或鱼肉样，质地较软。可在体内进行扩散。

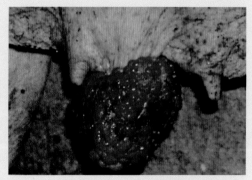

图2-2-12　肺癌——右肺有两个肿瘤
（徐有生，2009）

图2-2-13　乳头疣状瘤
（徐有生，2009）

九、黄疸病

黄疸病是由于机体胆红素形成过多或排出障碍，使血液中的胆红素含量过高，引起机体组织被染成黄色的病理现象。

1.临床症状

（1）病猪皮肤呈黄色（白猪明显）。

（2）可视黏膜（包括眼结膜、鼻黏膜、口腔黏膜等）呈黄色。

2.病理变化

（1）全身黄染，包括皮肤、皮下、脂肪、黏膜、眼结膜、肌腱、组织液、血管内膜以及内脏器官等（图2-2-14、图2-2-15），尤其是关节囊滑液和皮肤黄染是黄疸的特征性病变。

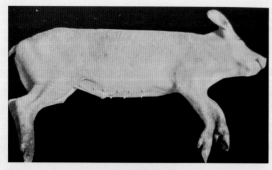

图2-2-14 黄疸型钩端螺旋体病——全身皮肤黄染
（宣长和，2010）

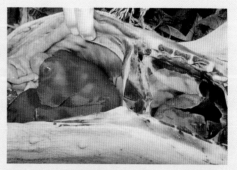

图2-2-15 附红细胞体病——全身皮肤、皮下、脂肪、内脏器官被黄染，肝肿大
（潘耀谦，2017）

（2）胴体放置一昼夜后黄色不消褪，而且放置时间越久颜色越黄。

（3）肌肉变性有苦味，绝大多数病例肝脏和胆道有病变。这是黄疸病与黄脂病的重要区别。

十、黄脂病

猪黄脂病又称黄膘，是饲料中的黄色素，或饲料中的不饱和脂肪酸，在体内被氧化成棕色、黄色小滴沉积在脂肪组织中，导致脂肪被黄染。

病理变化

1.皮下脂肪和体腔脂肪呈淡黄色或南瓜黄色（图2-2-16），随放置时间延长黄色逐渐消退。

2.严重的皮下脂肪和腹部脂肪呈棕黄色，质地变硬，有鱼腥味，加热更明显。

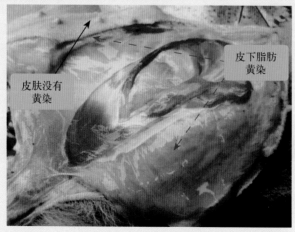

皮肤没有黄染

皮下脂肪黄染

图2--2-16 猪黄脂病——皮下脂肪黄色，皮肤不黄染
（江斌，2015）

放置一昼夜黄色不消退，但无不良气味。

3.皮肤不黄染（图2-2-16），肌肉组织正常，肝脏和胆囊无病变。这是与黄疸病的区别。

十一、白肌病

由于饲料中缺乏硒和维生素E引起的营养代谢性疾病，主要表现为横纹肌（骨骼肌和心肌）变性坏死。

1.临床症状　特征性临床症状是病猪运动障碍：站立困难、不愿运动，喜欢躺卧，强迫运动时后躯摇摆，轻瘫；或惊恐，剧烈运动会引起心猝死亡。

2.病理变化

（1）宰后常见病变多发生于负重较大的肌肉，主要是半腱肌、半膜肌、股二头肌、背最长肌、腰肌、臂三头肌、三角肌、心肌等（图2-2-17至图2-2-19）。

（2）病变肌肉呈白色条纹或斑块，严重的整块肌肉呈弥漫性黄白色，切面干燥似鱼肉样（图2-2-20）。

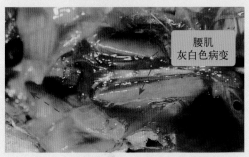

图2-2-17　猪白肌病——腰肌灰白色病变，左右肌肉对称性发生
（宣长和，2010）

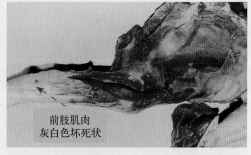

图2-2-18　猪白肌病——前肢肌灰白色坏死灶
（宣长和，2010）

图2-2-19　猪心肌型白肌病——心外膜有灰白色病灶
（潘耀谦，2017）

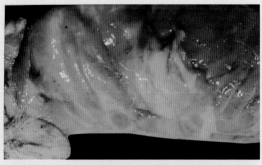

图2-2-20　猪白肌病——胸部下锯肌鱼肉样
（宣长和，2010）

（3）病变呈左右两侧肌肉对称性发生（图2-2-17）。

十二、白肌肉（PSE肉）

白肌肉又称PSE猪肉，也称"水煮样肉"，是由于应激反应导致肌肉色泽苍白（Pale），柔软（Soft），切面多汁（Exudative），形成白肌肉。

白肌肉的鉴别

1.白肌肉常发生于背最长肌、半腱肌、半膜肌、股二头肌、腰肌等处。

2.白肌肉颜色苍白，柔软易碎，切面多汁，切面突出有灰白色小点和渗出液；严重时呈"水煮样肉"或如"烂肉"样，手指容易插入，肌纤维容易拉下来。

十三、红膘肉

红膘肉是脂肪组织充血、出血或血红素浸润，使其呈粉红色，仅见猪的皮下脂肪发红（图2-2-21）。

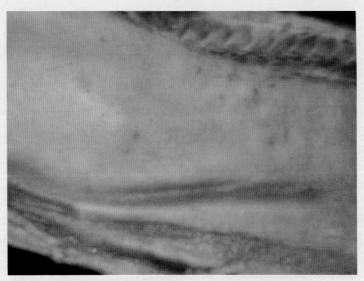

图2-2-21　猪红膘肉——猪皮下脂肪呈粉红色
（商务部）

红膘肉的鉴别

1.由传染病（如猪丹毒、猪肺疫、猪副伤寒等）引起的红膘肉，不但会引起猪的皮下脂肪发红，同时猪皮肤也呈现特征性红色，此时要检验内脏和主要淋巴结，是否同时具有上述传染病的病理变化。

2.由放血不全引起的红膘肉，猪皮下脂肪组织发红，皮肤也充血发红，血管内滞留大量血液。

3.由外界刺激（如运输热、冷空气、烫猪水温过高等）引起的红膘肉，都会引起猪皮肤和皮下脂肪发红。

十四、黑干肉（DFD）

黑干肉，又称DFD肉，即肌肉干燥（Dry）、质地粗硬（Firm）、色泽深暗（Dark）的肉。是由于长时间应激刺激或饥饿引起肌肉组织pH升高所致，常见于股直肌、股部和臀部肌肉。

黑干肉的鉴别

黑干肉色泽深暗、肉质粗硬、切面干燥、肉质低下、肉味较差、易腐败变质（图2-2-22）。

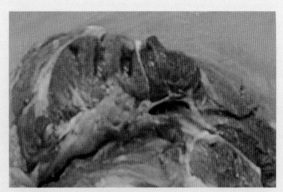

图2-2-22 猪黑干肉——暗红色，肉质粗硬，切面干燥

（商务部）

十五、卟啉症（骨血素病）

卟啉症是红细胞合成血红素的过程中，某些酶异常导致卟啉在体内大量沉积，造成细胞损伤所形成。卟啉主要沉积于骨骼、牙齿和内脏内，使其着色。卟啉症是一种隐性遗传病，也可由其他因素引起。

骨血素病猪的鉴别

1.临床症状 可见病猪牙齿呈淡红棕色，故有"红牙猪"之称。

2.病理变化

（1）病猪骨骼呈棕色或黑色，故又有"乌骨猪"之称，但骨膜、软骨、关节软骨、韧带、肌腱不着色。

（2）肝、脾、肾等器官呈棕褐色。

（3）全身淋巴结肿大，切面中央呈棕褐色。

十六、亚硝酸盐中毒

亚硝酸盐中毒是由于猪采食了富含硝酸盐和亚硝酸盐的饲料而引起中毒。例如饲料调制不当，闷煮成半生半熟的青绿饲料，或饲料腐烂，引起饲料中产生大量亚硝酸盐，猪采食后全身缺氧中毒或死亡。常发生于猪饱食后，俗称"饱食瘟"。

1.临床症状　病猪采食后2h内突然发病，口吐白沫、呼吸困难，口鼻以及皮肤呈蓝紫色，口鼻流出淡红色泡沫状液体，腹部膨胀，体温降低，四肢和耳尖冰凉，四肢麻痹，抽搐嘶叫，伸舌喘息或窒息死亡。

2.病理变化

（1）肌肉呈暗红色。

（2）血凝不全、暗褐色如酱油状（图2-2-23）。

（3）内脏器官淤血，气管、支气管有红色泡沫状液体。

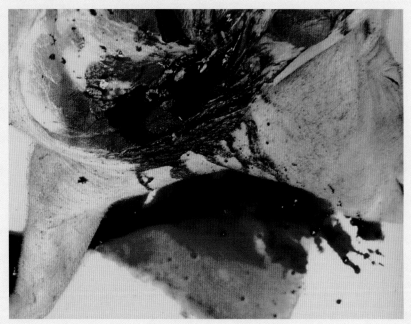

图2-2-23　猪亚硝酸盐中毒——血液呈黑褐色或酱油色

（江斌，2015）

十七、黄曲霉毒素中毒

黄曲霉毒素中毒是人和动物常见的一种中毒性疾病，肝脏损伤最明显。

1.临床症状　主要是全身皮肤黄染、消化障碍和神经症状。

（1）可视黏膜黄染，慢性型黄曲霉毒素中毒可引起全身皮肤黄染。

（2）病猪厌食，消化不良，先排出有恶臭的稀便或血便，继之转为便秘，排出表面带有黏液或血液的球状粪便。

（3）严重的病猪会出现运动障碍，四肢无力，抽搐或角弓反张。

2.病理变化

（1）全身皮肤、脂肪不同程度黄染（图2-2-24），可视黏膜黄染。

（2）肝肿大、硬变，黄色，后期变为橘黄色，有坏死灶，或有大小不一的结节（图2-2-24、图2-2-25）。

（3）胃黏膜和肠黏膜出血、坏死或溃疡（图2-2-26、图2-2-27）。

（4）胃淋巴结和肠系膜淋巴结肿大、淤血，暗红色，切面有坏死灶（图2-2-27）。

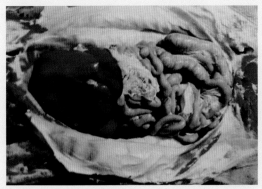
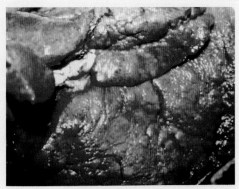

图2-2-24 黄曲霉毒素中毒——肝肿大、黄染；脂肪黄染

（潘耀谦，2017）

图2-2-25 黄曲霉毒素中毒——肝硬变，橘黄色，表面有结节状突起

（潘耀谦，2017）

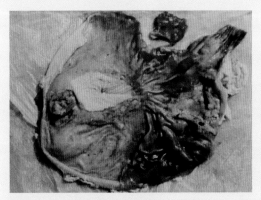

图2-2-26 黄曲霉毒素中毒——胃底出血，胃黏膜坏死，形成溃疡

（潘耀谦，2017）

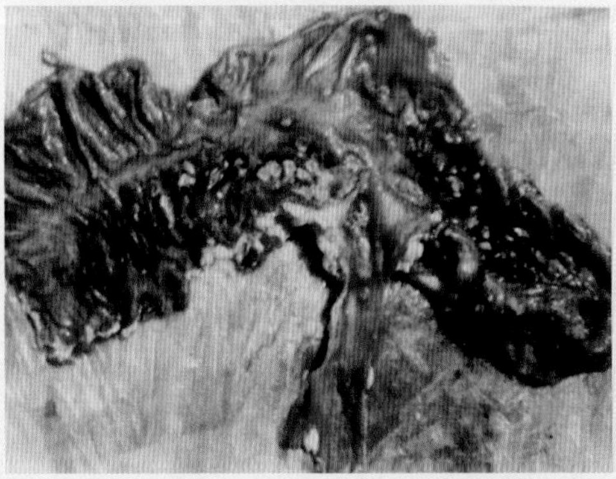

图2-2-27 黄曲霉毒素中毒——肠黏膜淤血暗红色，淋巴小结坏死脱落形成溃疡

（潘耀谦，2017）

十八、放血不全肉

放血不全肉的鉴别

1.放血不全的屠体全身皮肤充血发红或弥漫性红色（图2-2-28）。

2. 皮下脂肪呈淡红色或灰红色；剥皮猪的皮下组织有小血珠渗出。

3. 肌肉组织灰暗，血管内滞留大量血液。

4. 内脏器官严重淤血，颜色深暗，切面有多量血液流出（图2-2-29）。

5. 淋巴结淤血、肿胀，紫红色。

6. 放血不全的猪肉口味差，易腐败变质，不易贮藏。

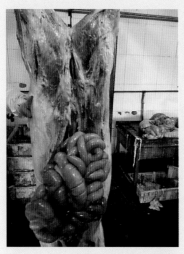 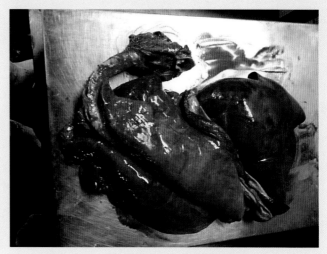

图2-2-28　放血不全引起全身淤血　　　　图2-2-29　放血不全引起内脏器官淤血、肿大

十九、种公猪、种母猪和晚阉猪肉

（一）种公猪、种母猪和晚阉猪的鉴别

1. 种公猪　指未经阉割，带有睾丸，作为保种和进行品种选育的公猪（图2-2-30）。

2. 种母猪　指未经阉割，作为种用的母猪，乳腺发达，乳头长大（图2-2-31）。

图2-2-30　种公猪　　　　　　　　　图2-2-31　种母猪

（徐有生，2009）

3.晚阉猪　曾作为种用，去势后育肥的猪，在阴囊或左髂部有阉割的痕迹。

（二）种公猪、种母猪和晚阉猪肉的鉴别

1.皮肤粗糙、皮厚、色深、（毛）孔大、皱纹多。

2.皮下脂肪薄，质地坚硬。

3.肌肉深红或暗红，肌肉断面颗粒大，肌纤维长，纹路明显。

4.种公猪肉有较重的性气味，加热后更明显。

二十、消瘦与羸瘦

1.消瘦　猪的消瘦多由疾病引起。

（1）宰前常见病猪瘦弱，皮肤松弛，被毛粗糙无光泽，并伴有疾病症状。

（2）宰后可见肌肉松弛或萎缩，脂肪减少，内脏器官、淋巴结等有病理变化。

2.羸瘦　指机体瘦小，但身体健康，常与饮食不足或与老龄化有关。

（1）宰前常见猪体瘦小，骨架突出。

（2）宰后可见肌肉萎缩，脂肪很少，肌间脂肪锐减或消失，但组织器官未见病理变化。

二十一、气味异常肉

多种因素可引起猪肉气味异常，主要有饲料气味、性气味、药物气味异常肉，病理气味异常肉，以及胴体贮存的环境气味异常肉等。

1.饲料气味　长期饲喂带有浓郁气味的饲料，如鱼粉或饭店泔水，导致猪肉有此气味。

2.性气味

（1）性成熟未阉割的公猪，或刚阉割2个月以内的晚阉公猪，性臭味较浓烈。

（2）母猪一般没有明显的性气味。

（3）性臭味可因加热而增强，故可应用煮沸方法进行鉴别，宰后检验时可以用烙铁烧烫法进行鉴别。

3.病理气味　猪生前患某些疾病，可给肉带来特殊的气味：

（1）患恶性水肿时，肉有酸败油脂味。

（2）患肌肉脓肿或脓毒败血症时，肉有脓臭气味。

（3）尿毒症时，肉有尿臊味。

（4）酮血症时，肉有酮臭和恶甜味。

（5）患有蜂窝组织炎时，肉有粪臭味。

（6）砷中毒时，有大蒜味。

（7）自体中毒和严重营养不良时，胴体带有腥臭味。

4.药物气味　宰前曾给猪使用过醚、樟脑等有气味的药物，导致猪肉带有该药物的气味。

5.发酵气味　冷藏时间短，胴体悬挂过密，空气不流通，肉尸温度升高，引起溶解发酵，肉滑腻，色灰红或灰绿色，产生酸臭性气味。

6.腐败气味

（1）在"捂垛"或"捂膛"情况下引起的蛋白质分解腐败，产生氨气和硫化氢气体，导致猪肉带有氨臭气味，并且猪肉深部呈黑色。

（2）猪肉污染了泄漏的氨气或被胺类化肥污染，产生氨臭味。

7.环境气味（附加气味）　将肉与特殊气味的化学物品和异常气味的食品同室贮藏或同车运输引起的，如汽油、油漆、海货、农药、葱、蒜等气味。

二十二、应激综合征

应激综合征是指生猪生前受到应激刺激，如猪心力衰竭病、应激性肌病（腿部肌肉和背部肌肉发生白肌肉）、猪胃溃疡、运输热和运输病等，引起的机能障碍性疾病。

（一）运输热

生猪在运输过程中，因疲劳、拥挤、缺水、散热困难，出现体温升高等症状，以大猪、肥猪多见。

运输热的鉴别

1.体温42℃以上，呼吸、脉搏加快，张口呼吸，全身颤抖，呕吐，休克或死亡。

2.皮肤潮红或转为紫红色，可视黏膜发绀（图2-2-32）。

3.宰后可见肺脏充血、水肿。

（二）运输病

生猪在长途运输中过度疲劳，抵抗力降低，继发肺部病原体感染，以副猪嗜血杆菌感染多见。

运输病的鉴别

1.体温40℃以上，呼吸、脉搏加快，肌肉震颤，口吐泡

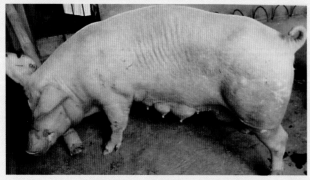

图2-2-32　应激综合征——运输热，皮肤潮红，充血

（徐有生，2009）

沫或呕吐,严重时死亡(图2-2-33)。

2.皮肤淡紫色,可视黏膜发绀。

3.特征病变为浆膜炎和肺炎。宰后常见感染副猪嗜血杆菌病后的病理变化,肺淤血、肿大,表面有纤维蛋白覆盖,常与胸壁粘连,胸腔积液。

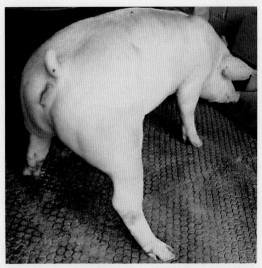

图2-2-33 应激综合征——运输病,喘息,腿部肌肉震颤,不能迈步

(徐有生,2009)

二十三、冷却肉和冷冻肉常见异常变化

猪胴体在冷加工或冷藏期间,由于受环境因素的影响或管理不当,可能出现下述异常变化,应注意加以鉴别和处理。

(一)发黏肉

在冷却过程中胴体相互接触,通风不好,降温较慢,微生物在肉表面生长繁殖,产生黏性物质,引起肉发黏,严重时切面发黏,甚至腐败。

(二)变色肉

冷藏肉随着放置时间延长,颜色逐渐变暗,多为自身变化。若污染假单胞菌、产碱杆菌、明串珠菌、微球菌、变形杆菌等,可在肉表面产生不同颜色的色素。

(三)发霉肉

霉菌在冷藏肉的表面生长,形成白色或黑色霉点。白色霉点,像石灰水珠,抹去后不留痕迹。黑色霉点,不易抹去,有时侵入肉的深部。

(四)深层腐败肉

在胴体冷却时,因深部肌肉(如股骨附近)散热不良,腐败菌大量繁殖,引起深部肉的腐败,由于不易被发现,检验时应注意抽检深部肌肉。

(五)脂肪氧化肉

冷冻肉存放时间过长,引起脂肪氧化,颜色发黄,出现酸败味。

(六)干枯肉

冷冻肉贮藏时间长,尤其反复冻融,肉中水分大量蒸发,发生干枯,肌肉变干、变硬,颜色变浅,严重时形如枯木,味同嚼渣。

(七)发光肉

冷藏猪肉发蓝色荧光,是猪肉被发光杆菌污染所致,多见于瘦肉部分,在黑暗处肉眼可见荧光。猪肉荧光的出现,是肉质开始腐败的标志。

第三节 病死及病害动物无害化处理

按照农业部《病死及病害动物无害化处理技术规范》的规定，生猪屠宰检验检疫后，处理病死及病害猪的方法（图2-3-1）归纳如下：

1.焚烧法 适用于所有疫病及不合格肉品的处理。

2.化制法、高温法、硫酸分解法 除炭疽外，适用于其他所有疫病及不合格肉品的处理，方法可以任选。

3.化学消毒法 适用于被病原微生物污染或可疑被污染的猪皮毛消毒。

4.深埋法 除炭疽外，适用于发生疫情、自然灾害、边远地区的病害猪处理。

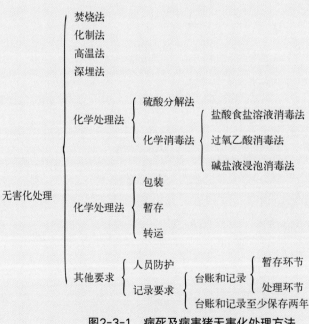

图2-3-1 病死及病害猪无害化处理方法

第三章

生猪宰前检验检疫
及结果处理

生猪宰前检验检疫是生猪屠宰兽医卫生检验的重要环节，以保障猪源健康。

生猪宰前检验检疫是按照法定程序，采用规定的技术方法，对生猪实施查证、验物、活体临床检查、实验室检测，以及检验检疫后结果的处理。主要依据《生猪屠宰检疫规程》（农牧发〔2018〕9号）和《生猪屠宰产品品质检验规程》（GB/T 17996－1999）开展，除了规定的14种疫病的检查外，同时还要注意检查规程规定以外的疫病、中毒性疾病、应激性疾病和非法添加物等。

发现疫病和品质不合格猪肉时，要按照《病死及病害动物无害化处理技术规范》（农医发〔2017〕25号）的规定进行无害化处理，处理方法详见附表三。

第一节　生猪宰前检验检疫方法概述

要按照《生猪产地检疫规程》中"临床检查"部分实施检查，主要采用"群体检查"和"个体检查"相结合的方法。群体检查中发现异常个体时，要进行个体临床检查，或随机抽取健康群体10%的个体进行详检。必要时进行实验室检验。

一、群体检查

生猪入厂按同一产地、同一货主、同一入场批次、同一运输工具作为同一个猪群，进入同一圈舍待宰。宰前检验也是分群、分批、分圈进行检验。按照《生猪产地检疫规程》规定，群体检查要通过检查"三态"来判定生猪的健康情况。

（一）静态检查

静态检查包括卸车前检疫人员登临车厢静态观察和圈舍静态观察生猪的健康状况（图3-1-1）。主要检查精神状态、外貌、呼吸状态、站立与睡卧姿势，有无气喘、咳嗽、呻吟、昏睡、孤立等病态。

图3-1-1　宰前群体检查——圈舍静态观察

（二）动态检查

动态检查包括卸车时动态观察（图3-1-2）和圈舍人为将猪哄起动态观察生猪的健康状况。注意检查生猪群体的运动状态，有无行走困难、步态不稳、跛行、屈背弓腰、后肢麻痹、共济失调、离群掉队等现象。

（三）饮态检查（饮食饮水检查）

饮态检查主要检查生猪饮水情况（图3-1-3），同时观察排泄物形状、颜色、气味等是否异常。

图3-1-2　宰前群体检查——卸车动态检查　　图3-1-3　宰前群体检查——饮态（饮水）观察

二、个体检查

个体检查在实践中常用"五看、五听、五摸、五检"四大方法。

（一）五看

五看：看精神、看体态、看皮肤和可视黏膜、看呼吸、看排泄物。

1.看精神　看精神状态，有无独处一隅、嗜睡、流涎、呻吟等。

2.看体态　看卧地、站立、行走体态，有无屈背弓腰、跛行、麻痹等。

3.看皮肤和可视黏膜　看颜色，有无发绀、出血、水疱、烂斑、脓肿等。

4.看呼吸　有无呼吸困难、气喘、咳嗽、犬坐姿势等异常。

5.看排泄物　看排泄物的性质、颜色、气味等。

（二）五听

五听：听叫声、听咳嗽声、听呼吸音、听胃肠音、听心音。

1.听叫声　听生猪的叫声，有无凄厉、痛苦、呻吟、哀鸣声。

2.听咳嗽声　有无干咳、湿咳、痉挛性阵咳、喘鸣声等。

3.听呼吸音　用听诊器检查肺部，有无湿啰音、干啰音、哮鸣音、捻发音等。

4.听胃肠音　用听诊器检查猪胃肠音有无异常。

5.听心音　用听诊器检查猪心音有无异常。

图3-1-4　宰前个体检验——摸耳根，检查猪体温

五摸：摸耳根、摸皮肤、摸体表淋巴结、摸胸壁、摸腹壁。

1. 摸耳根　用手检查猪耳根部温度是否正常（图3-1-4），注意由于人手温度（36℃）一般低于猪体表温度约2℃，要形成经验才能判断准确。

2. 摸皮肤　主要摸颌下、胸部、腹下、四肢、阴鞘、会阴部等处，有无肿胀、结节、疹块等　并查明病变处的硬度、波动感、捻发音等异常。

3. 摸体表淋巴结　主要检查淋巴结的大小、硬度、温度等有无异常，实践中常检验下颌淋巴结、股前淋巴结、腹股沟浅淋巴结等。

4. 摸胸壁　触摸时注意有无敏感或压痛，如急性猪肺疫，触摸胸部有痛感。

5. 摸腹壁　触摸时注意有无敏感或压痛，如腹膜炎时，腹部有压痛。

（四）五检

五检：检体温、检脉搏、检呼吸、检耳标、检非法添加物。

1. 检查体温　猪正常体温为38.0～39.5℃。可以使用体温计测量法，也可使用电子体温计。

肛门体温计测量法　待猪适当休息后进行，用手指轻搔其后背部（或适当保定），待安静或卧地后，一只手轻拉猪尾，另一手持体温计沿稍微偏向背侧的方向缓缓插入肛门内，然后将连接体温计的小铁夹夹往猪尾根部上方的毛。5～10 min后取出体温计。

2. 检查脉搏　猪正常脉搏为60～80次/min，必要时，用听诊器于猪的左侧肘突后上方的第四肋间听取心音与脉搏（图3-1-5）。

3. 检查呼吸　猪正常体呼吸为18～30次/min，必要时，用听诊器在猪的胸部听取呼吸音与呼吸次数（图3-1-5）。

图3-1-5　宰前个体检查——听诊心肺

4.检查耳标 检查耳标佩戴是否符合要求。

5.检查非法添加物 主要是"瘦肉精"检测，宰前接取尿液进行检测。

宰前检验检疫技术要领

宰前检验检疫要求检验检疫员必须迅速、准确、无误地从猪群中检出病猪，这就需要掌握各种疫病的"特征性临床症状"，还要掌握"群症状"，即在同一群体中有众多个体同时出现同一临床症状。

例如：同群猪中出现跛行数量较多的群症状时，可能预示有口蹄疫或水疱病的发生。检验检疫员就应进一步检查个体口腔黏膜、蹄、乳房有无水疱和溃疡等"特征性临床症状"。

又如：如果跛行同时伴有关节肿大，可能预示着有链球菌病或是副猪嗜血杆菌病发生的迹象。这些典型症状和群症状为进一步确诊提供了线索。

第二节 生猪宰前检验检疫岗位、流程及操作技术

按照《生猪屠宰检疫规程》和《生猪屠宰产品品质检验规程》的规定，生猪宰前检验检疫流程（图3-2-1），包括五个环节：验收检查、待宰检查、送宰检查、急

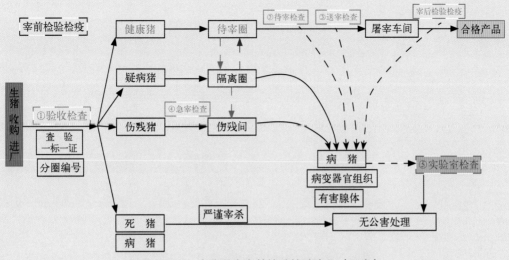

图3-2-1 生猪屠宰宰前检验检验流程（示意）

宰检查、实验室检验。其中，实验室检验在第五章中论述。

一、验收检查

（一）入厂查验

1.查证验物，询问猪情 活猪进入屠宰厂前，应向押猪人员索取和查验产地签发的《动物检疫合格证明》，无此证明的不得进厂、不得卸车。同时询问生猪在运输过程中的情况（图3-2-2）。

图3-2-2 生猪进厂前查验《动物检疫合格证明》

2.临车检查 应登临车厢进行验物和检查（图3-2-3）。

（1）核对车内动物的种类、数量与《动物检疫合格证明》登记是否相符。

（2）检查耳标及佩戴是否符合要求（图3-2-4）。

图3-2-3 临车观察——登临车厢查验生猪

图3-2-4 登临车厢查验耳标

（3）对车厢内的生猪进行"群体静态检查"，发现可疑病猪时，不得卸载，应立即转入隔离圈内进行隔离观察，确诊后按有关规定处理。

3.回收证明　经入厂查验合格后，检疫人员要收回货主的《动物检疫合格证明》（图3-2-5）。

4.消毒入厂　经查验，"一证一标"（《动物检疫合格证明》和耳标）齐全有效，符合有关规定，临床检查健康，方可放行入厂。车辆入厂时，经过车轮消毒池对车轮进行消毒（图3-2-6），同时对车体及生猪进行喷雾消毒（图3-2-7），消毒后进入厂区。

图3-2-5　收回货主的《动物检疫合格证明》

图3-2-6　生猪进厂——车轮消毒

（二）卸车检查

卸车时，应对生猪进行"群体动态检查"（图3-2-8），主要检查生猪群体的精神状况、外貌、呼吸和运动状态等。

（三）"瘦肉精"检测

宰前采用随机抽样的方法进行"瘦肉精"快速检测，初步筛选，检测为阴性的准予屠宰；阳性的要送样品到具有"瘦肉精"检测资质的机构进行复检，复检仍为阳性的全部销毁处理。

1.宰前"瘦肉精"检测取样方法　宰前随机接取生猪尿液进行检测，卸车前和卸车时猪被哄起，容易引起猪的排尿反应，工作人员接取尿液100mL进行快速检测（图3-2-9）。

图3-2-7　生猪进厂——车体及生猪喷雾消毒

图3-2-8　卸车检查

图3-2-9　宰前"瘦肉精"检测——接尿取样方法

2.快速检测操作技术（详见第五章）

3.检验后的处理（见附表三）

（四）分圈编号

卸车后按照"病健分圈"的原则进行分圈编号（图3-2-10），将健康猪编号，赶入待宰圈休息待宰；发现病猪和疑似病猪时，要报告驻厂兽医，开具《隔离观察通知书》，将疑病猪"编号"，并打上"可疑病猪"标记，赶入隔离圈进行隔离观察（图3-2-11和图3-2-12），确诊后按有关规定处理。

图3-2-10　按"病健分圈"的原则进行分圈编号

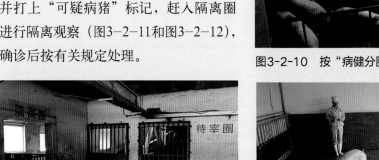
图3-2-11　待宰圈与隔离圈
（健康猪进入待宰圈，静养待宰；病猪及可疑病猪进入隔离圈，隔离观察）

图3-2-12　待宰期间病猪隔离

（五）车辆清洗

卸车后，要监督货主对运输车辆、工具及相关物品进行清洗消毒。屠宰企业应免费提供清洗消毒场所和清洗消毒设备等（图3-2-13）。

二、待宰检查

（一）停食静养、自由饮水

生猪在待宰期间，执行停食静养的有关规定，同时保证自由饮水（图3-2-14），屠宰前停止喂水。

（二）巡检视察

待宰期间，至少每2h巡检一次，以群体检查为主，主要进行"三态检查"，查看待宰猪的静、动、饮水情况，以及排便、排尿情况（图3-2-15）。

（三）病猪隔离观察

在待宰期间发现病猪和疑似病猪时，要报告驻厂兽医，开具《隔离观察通知书》，将疑病猪移入隔离圈进行隔离观察（图3-2-12），确诊后按有关规定处理。

生猪分圈原则是：不同产地、不同货主、不同批次的生猪不得混群同圈。

（四）检疫申报

屠宰厂应在屠宰前6h申报检疫，填写《动物检疫申报单》。官方兽医接到检疫申报后，根据当地相关动物疫情等综合制定，决定是否予以受理。受理的，应在屠宰前2h内按照《生猪产地检疫规程》中"临床检查"部分实施检查；不予受理的，应说明理由。

图3-2-13　运猪车辆清洗消毒

图3-2-14　生猪待宰期间停食静养并保证自由饮水

图3-2-15　待宰期间巡检视察

三、送宰检查

（一）全面检查、签发证明

生猪送宰前要进行一次全面的群体检查。检查后超过4h未屠宰的，在送宰之前2h内，需再进行一次临床检查。

经全面检查，确认健康的猪群，动物卫生监督机构可签发《准宰通知书》，注明头数和检查结果。屠宰车间要凭证屠宰。

（二）温和驱赶

生猪从待宰圈进入喷淋间，或从喷淋间进入屠宰车间时要经过赶猪道，送宰员应按顺序温和驱赶，遵从动物福利要求，不得电麻、棒打、脚踢等，按《生猪屠宰操作规程》（GB/T 17236－2008）的规定执行（图3-2-16）。

（三）喷淋体表

按照《生猪屠宰操作规程》（GB/T 17236－2008）的规定，送宰猪进入屠宰车间之前必须进行喷淋清洗（图3-2-17），猪体表面不得有灰尘、污泥、粪便等污物。

赶猪道

图3-2-16　温和驱赶

图3-2-17　喷淋清洗

（四）圈舍消毒

生猪送宰之后，待宰圈、隔离圈要每天进行清扫和清洗，每周1～2次定期进行空圈消毒（图3-2-18），相关设备设施也要及时消毒。病猪排泄物、分泌物要进行消毒和无害化处理。

四、急宰检查

宰前检验检疫发现濒临死亡的生猪时，要报告官方兽医，确认为无碍于肉食安全且濒临死亡的生猪，为了避免自然死亡要送往急宰间（图3-2-19）进行紧急宰杀。官方兽医可开具

图3-2-18　空圈消毒

《急宰通知书》，凭证书进行急宰，急宰时要进行急宰检验，发现疫病时，按照《病死及病害动物无害化处理技术规范》规定进行无害化处理（见附表三）。

图3-2-19　急宰间

五、实验室检验

怀疑患有《生猪屠宰检疫规程》规定的14种疫病，或临床检查发现其他异常情况的，要进行实验室检验（图3-2-20），并出具检测报告。实验室检测须由省级动物卫生监督机构指定的具有资质的实验室承担。

图3-2-20　实验室检验

第三节　生猪宰前检验检疫后的处理

一、宰前合格生猪的处理方法

经宰前检验检疫，符合下列标准的，即可收回《动物检疫合格证明》，并准予屠宰：

1.《动物检疫合格证明》有效，证物相符的。

2.生猪耳标符合国家有关规定的。

3.经宰前临床检查健康的。

4.按照国家规定需进行实验室检测的，检验结果合格的。

5.检疫合格后签发《准宰通知书》的。

二、宰前不合格生猪的处理流程与方法

宰前经检验检疫发现疫病猪时，官方兽医出具《检疫处理通知单》，按照《中华人民共和国动物防疫法》《重大动物疫情应急条例》《农业农村部关于做好动物疫情报告等有关工作的通知》（农医发〔2018〕22号）、《生猪屠宰检疫规程》和《病死及病害动物无害化处理技术规范》等有关规定进行处理。

1.宰前发现口蹄疫、猪瘟、非洲猪瘟、高致病性猪蓝耳病和炭疽时的处理流程

（1）立即停止生产　停止收购、停止巡查、停止送宰，停止一切生产活动。

（2）封锁现场　疑病猪、同群猪，以及已宰杀的同群猪，由专人看护，禁止移动，禁止移圈，封锁现场，严禁人员接触。

（3）限制人员活动　所有生产人员坚守岗位，停止一切无关活动。

（4）报告疫情　立即向有关部门报告疫情，听从官方兽医统一处置。

（5）无害化处理　经检疫确诊后，官方兽医出具《检疫处理通知单》，病猪及同群猪运到指定地点，按照《病死及病害动物无害化处理技术规范》的规定销毁处理（见附表三）。

（6）全面消毒　实施全面严格的消毒，密切接触人员进行隔离体检。

注意：炭疽病猪尸体必须全部焚烧处理。严禁剖检炭疽病猪和可疑炭疽病猪。

2.宰前发现其他疫病时处理流程　宰前发现猪丹毒、猪肺疫、猪副伤寒、猪Ⅱ型链球菌病、猪支原体肺炎、副猪嗜血杆菌病、猪囊尾蚴（包括钙化虫体）病、旋毛虫病、丝虫病，以及其他疫病时的处理流程：

（1）将可疑病猪进行"标识"　宰前检验检疫发现可疑病猪时，要在病猪背部做醒目的"标识"（标记）。

（2）转入隔离圈　将疑病猪移入隔离圈，隔离观察，同时封锁检出病猪的待宰圈，禁止其他生猪出入。

（3）报告官方兽医　进行确诊处理　立即报告官方兽医，对疑病猪进行综合检疫，并确诊处理。①确诊为健康猪的将其送回待宰圈，继续静养待宰。②确诊为病猪的处理方法：确诊为病猪的，动物卫生监督机构出具《检疫处理通知单》进行无害化处理；同群猪进行隔离观察，正常的准予屠宰，异常的按病猪处理。

（4）无害化处理　确诊为病猪的，运到无害化处理间，或动物卫生监督机构指定地点，按照《病死及病害动物无害化处理技术规范》的规定进行无害化处理（见附表三）。

3.宰前发现濒临死亡猪的处理流程与方法

（1）宰前发现濒临死亡的猪，经检疫确诊为疫病猪的，报告官方兽医，出具《检疫处理通知单》，在动物卫生监督机构监督下，按上述流程和"附表三"中疫病猪处理方法进行无害化处理。

（2）经检验确诊为物理性损伤的，并确认无碍于肉食安全的，急宰后做复制品。

4.宰前发现死猪的处理流程与方法

（1）宰前发现死猪时，严禁死宰，否则会触犯法律。

（2）经检疫确诊为由疫病引起的，报告官方兽医，出具《检疫处理通知单》，在动物卫生监督机构监督下，按上述流程和"附表三"中疫病猪处理方法进行无害化处理。

（3）经检疫未能确诊死因的，报告官方兽医，出具《检疫处理通知单》，在动物卫生监督机构监督下，尸体焚烧处理。

第四章

生猪宰后检验检疫及结果处理

生猪宰后检验检疫是生猪屠宰检验检疫的重要环节，是宰前检验检疫的继续和补充。

生猪宰后检验检疫是指按照法定程序和规定的技术方法，对生猪宰后解体的屠体、胴体、内脏和副产品实施的疫病检疫和产品品质检验，以及检验检疫后的处理。因此，检验检疫员必须严格按照《生猪产地检疫规程》(2018)、《生猪屠宰检疫规程》(农牧发〔2018〕9号) 和《生猪屠宰产品品质检验规程》(GB/T 17996-1999) 等标准规定的检验检疫部位、检验检疫流程和检验检疫技术实施宰后检验检疫及处理。

生猪宰后主要检查《生猪屠宰检疫规程》规定的14种疫病和《生猪屠宰产品品质检验规程》(GB/T 17996-1999) 规定的不合格肉品，以及有害腺体和病变组织、器官的摘除等。同时还要注意规程规定以外的疫病，以及中毒性疾病、应激性疾病和非法添加物等的检验。

发现上述疫病和品质不合格肉时，要按照农业部《病死及病害动物无害化处理技术规范》的规定进行无害化处理，处理方法详见附表三。

第一节　生猪宰后检验检疫概述

一、生猪宰后检验检疫方法及工具的使用

（一）生猪宰后检验检疫方法

1.感官检查　包括视检、触检、嗅检和剖检。一般，剖检是指借助检验工具切开软组织进行检查的方法，必要时也可打开骨组织（如颅腔）进行检查。

2.实验室检验　对病原微生物和化学残留物的检测需要进行实验室检验。

（二）生猪宰后检验检疫常用工具及使用方法

宰后检验检疫常用的工具是检验刀、检验钩和挡刀棍（图4-1-1）。检查时要左手持钩，固定被检软组织；右手握刀，剖检软组织。必要时也可以使用解剖剪和镊子，如病理剖检时。

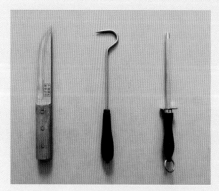

图4-1-1　宰后常用检验检疫工具——
检验刀、检验钩、检验棍

1.检验钩的使用方法　使用检验钩固定软组织时，首先将钩尖插入软组织内，左手向左、或向右、或向下用力拉紧检验钩固定被检软组织。禁止检验钩的钩尖朝向自己面部向上拉紧固定，避免误伤自己。

使用检验钩时，经常做向左外侧旋拧的动作，圆形手柄容易在手心中打滑，旋拧时费力，应购买扁形手柄的检验钩。

2.检验刀的使用方法　检验刀的刀柄前端下方要有护手装置，避免自伤；刀柄上方要有加厚装置，防止伤拇指；刀刃前端要有一定的弧度，便于剖检(图4-1-1、图4-1-2)。

检查时握刀方法：四指位于刀护手的后方环握刀柄，拇指平伸放在刀柄上方(图4-1-2A、B)，便于掌握刀的力度和运刀轨迹。

用力切割时握刀方法：将拇指垂于食指前方，手的虎口位于刀柄的上方(图4-1-2C)，这样可以用力切割，但灵活度较差。

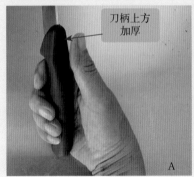

图4-1-2　检验刀的结构与握刀方法
A.刀柄结构　B.检验时握刀方法　C.用力切割时握刀方法

剖检时一般是由上向下或向左、向右运刀，提倡"一刀剖开"，杜绝拉锯式动作，以免切口模糊，影响观察。正架检查时左手持钩固定被检器官或附近的组织，右手握刀剖检被检器官(图4-1-3)。反架检查右侧胴体时，左手持钩向右外侧拉紧固定被检组织，右手握刀在左手下方进刀剖检(图4-1-4)，否则会自伤左手。

图4-1-3　正架检查操作方法　　　　　图4-1-4　反架检查操作方法

3.解剖剪和解剖镊子的使用方法 宰后发现病变器官需要进一步做病理剖检时，解剖剪和镊子（前端带钩）是理想的工具(图4-1-5)。另外，胴体未劈半时胸腔或腹腔空间狭小，使用带钩的镊子和剪刀或短检验刀比较得心应手(图4-1-6)。

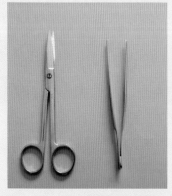
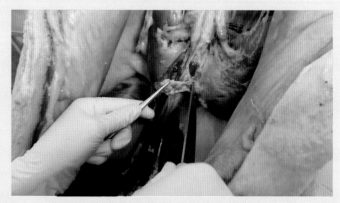

图4-1-5 解剖剪和带钩的解剖镊子　　图4-1-6 使用解剖镊子和短检验刀摘除肾上腺

二、生猪宰后检验检疫时剖检技术要求

1.剖检操作顺序 先上后下，先左后右，先重点后一般，先疫病后品质。

2.适度剖检 不可过度剖检，随意切割，要保证商品的完整性，发现疫病时除外。

3.肌肉剖检技术 检查肌肉组织时应顺肌纤维方向切开（图4-1-7），横断肌肉会同时切断血管，血液涌出影响疫病判断。同时肌纤维被横断后会向两端收缩，形成敞开性切口，还会影响商品外观。

4.淋巴结剖检技术 检验淋巴结时，应沿淋巴结长轴纵切，切开上2/3～3/4（图4-1-8）。杜绝将淋巴结横断或切成两半，要减少伤及周围组织。

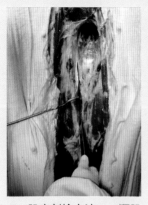
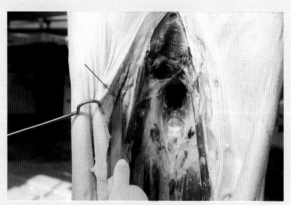

图4-1-7 肌肉剖检方法——顺肌　　图4-1-8 淋巴结剖检方法——纵切淋巴结上2/3～3/4
　　　　纤维（腰肌）方向切开

5.内脏实质性器官剖检技术 剖检肺脏、肝脏、肾脏时，不能钩这些器官的实质部分，因实质脆嫩容易钩破，还会破坏商品的完整性。检验钩要钩住这些器官"门部"附近的结缔组织，或钩住器官内部的结缔组织，如检查肝脏时要钩住肝门部结缔组织（图4-1-9）；检查肾脏时要钩住肾盂部的结缔组织（图4-1-10），结缔组织比较坚韧不易钩破。

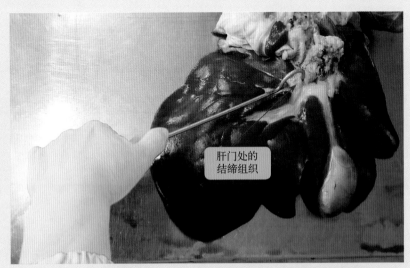

图4-1-9 检查肝脏——钩子要钩住并固定肝门处的结缔组织

图4-1-10 剖检肾脏——钩子要钩住肾盂部位的结缔组织

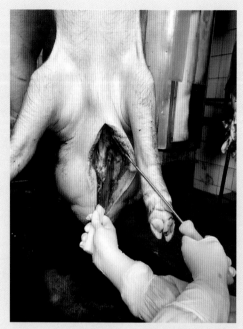

图4-1-11 皮肤切开时要沿肢体长轴进行

6.皮肤切开剖检技术　切开皮肤时应沿肢体长轴进行（图4-1-11），避免皮肤表面切口太多，杜绝"人字形"切口和弯曲的"蛇形"切口，保证商品的正常外观。

三、生猪屠宰同步检验检疫

同步检验检疫是指生猪屠宰挑胸剖腹后，取出内脏放在同步轨道的盘子上或挂钩上，并与胴体生产线同步运行，以便对照检验检疫和综合判断的一种检验方法。

同步检验检疫时，不同的检验检疫员应对同步轨道上的内脏和胴体生产线轨道上的胴体同时进行检验检疫，一旦发现疫病，对照内脏和胴体病变综合判断，确诊后同时对胴体和内脏进行处理（图4-1-12）。

同步检验检疫包括四个"同步"：①猪屠宰与检验检疫同步；②胴体与内脏运行同步；③胴体与内脏检查同步；④胴体与内脏处理同步。

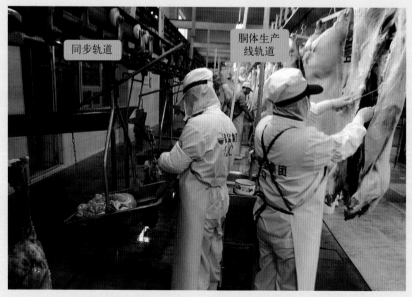

图4-1-12 同步检验检疫方法——内脏检查与胴体检查同时同步进行

四、生猪宰后检验检疫统一编号

《生猪屠宰检疫规程》规定"与屠宰操作相对应，对同一头猪的头、蹄、内脏、胴体等统一编号进行检疫"。如果发现疫病，通过统一编号可以找到同一屠体的所有器官（头、蹄、内脏、胴体等），集中进行无害化处理。同时通过耳标溯源到疫病的发源地，报告有关部门，按有关规定进行处理。

（一）无同步检验检疫轨道的编号方法

无同步检验检疫设备的，宰后要对同一屠体分割下来的胴体、以及头、蹄、内脏、膈脚等各部位分别编同一号码备查。各部位编号方法见图4-1-13至图4-1-19。

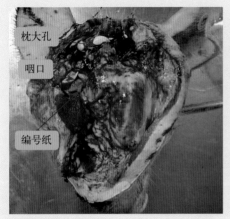

图4-1-13 头编号——将编号放入咽口内

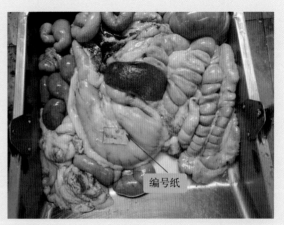

图4-1-14 胃肠编号——将编号贴在胃表面

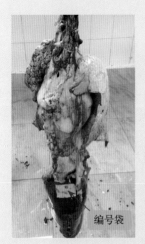

图4-1-15 心肝肺编号——将编号贴在肝的壁面

图4-1-16 膈脚编号——将编号包绕在两膈脚之间

图4-1-17 胴体编号——将编号贴在胴体大腿外侧或内侧

图4-1-18　胴体编号——将编号固定在挂钩上

图4-1-19　蹄分组编号——每10头猪40个蹄子（约重25kg）放进一个容器内，容器外面编号

（二）有同步检验检疫轨道的编号方法

有同步检验检疫轨道的企业，胴体要编号。由于大部分同步检验检疫轨道设备只是胃、肠和心、肝、肺与胴体的同步运行和同步检验检疫，胃、肠和心、肝、肺可以不用编号，与胴体同号；头、蹄的编号要视下列不同情况而定：

1.头、蹄在同步轨道之前摘除的（如剥皮猪），除胴体、膈脚要编号外，摘下的头、蹄也要编号。

2.头、蹄在劈半复验之后摘除的，即实现了全程同步检验检疫（图4-1-20）的，除胴体、膈脚要编号外，其他可以不用编号。

图4-20　全程同步检验检疫——胃、肠、心、肝、肺、胴体和头、蹄可同时同步进行检验检疫

第二节 生猪宰后检验检疫岗位设置、流程及操作技术

按照《生猪屠宰检疫规程》和《生猪屠宰产品品质检验规程》的规定，生猪宰后检验检疫流程（图4-2-1）包括如下9个环节：头蹄检查、体表检查、内脏检查、寄生虫检查、摘除有害内分泌腺、胴体检查、宰后复验、实验室检验、宰后检验检疫结果处理。其中，实验室检验在第五章中论述。

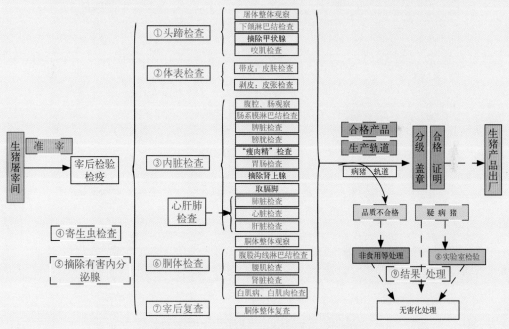

图4-2-1 生猪宰后检验检疫流程示意图

一、头蹄检查

按照《生猪屠宰检疫规程》和《生猪屠宰产品品质检验规程》的规定，生猪宰后要进行头蹄检查。

（一）猪口腔和咽结构简介

1.猪口腔的构成 猪口腔前壁为唇，上唇与鼻长在一起形成吻突；口腔侧壁

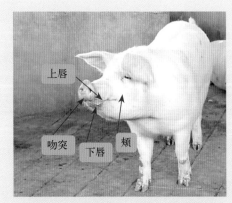

图4-2-2 猪头部——唇、颊与吻突

为颊（图4-2-2），顶壁为硬腭，后壁为软腭，是硬腭向后方的延续，底部为舌和口腔底。

2.咽的结构 咽是由肌膜围成的一个囊，咽向前与口腔和鼻腔相通，向后与喉和食管相通。软腭的口腔面顶部有一中央沟，沟的两侧各有一卵圆形的隆起区，此即腭扁桃体，表面有许多麻点状的隐窝，内有大量淋巴组织（图4-2-3）。

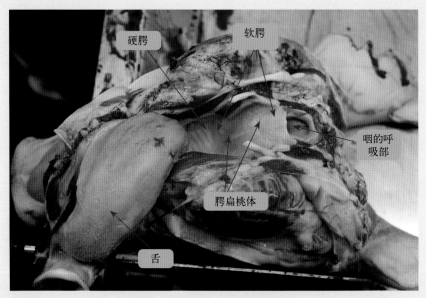

图4-2-3 猪的口腔及咽部结构

（二）猪蹄结构简介

每只猪蹄由两个主蹄和两个悬蹄组成。主蹄分为蹄壁、蹄缘、蹄冠和蹄枕。蹄壁的上缘叫蹄冠，蹄冠与皮肤相连接的部分叫蹄缘，位于底面后部的为蹄枕（又叫蹄球），两主蹄之间的裂隙叫蹄叉（图4-2-4）。

（三）头蹄检查流程

屠体整体观察→下颌淋巴结检查→摘除甲状腺→咬肌检查。

1.屠体整体观察 按照《生猪屠宰检疫规程》的规定，生猪屠宰放血后要"视检体表的完整性、颜色，检查有无本规程规定疫病引起的皮肤病变、关节肿大等。观察吻突、齿龈和蹄部有无水疱、溃疡、烂斑等"。

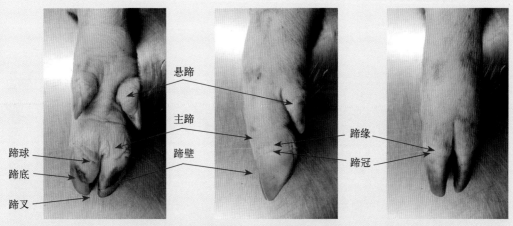

图4-2-4　猪蹄结构

（1）屠体整体观察岗位设置　屠体放血之后，下颌淋巴结检查之前进行。

屠体整体观察内容与疫病控制：

・口蹄疫　观察口腔黏膜、吻突、蹄子、乳头有无水疱和溃疡。

・猪瘟　观察皮肤和可视黏膜（唇、齿龈、舌）有无出血点，指压不褪色。

・非洲猪瘟　出现高热、倦怠、食欲不振、精神委顿；呕吐，便秘，粪便表面有血液和黏液覆盖，或腹泻，粪便带血；可视黏膜潮红、发绀，眼、鼻有黏液脓性分泌物；耳、四肢、腹部皮肤有出血点；共济失调、步态僵直、呼吸困难或其他神经症状；妊娠母猪流产；或出现无症状突然死亡的，怀疑感染非洲猪瘟。

・高致病性猪蓝耳病　观察病猪肢体末端有无蓝紫色，如耳、乳头、尾、胸腹下部和四肢末端等。

・咽炭疽　观察咽喉部、颈部有无肿胀（即腮大脖子粗）。

・猪丹毒　皮肤大片暗红色"大红袍"，或紫红色疹块，或关节肿大变形。

・猪肺疫　全身皮肤淤血，有紫斑或出血点。

・猪Ⅱ型链球菌病　关节肿大变形，或破损流脓。

（2）屠体整体观察流程与操作技术　猪屠体整体观察流程：体表观察→吻突观察→口腔黏膜观察→咽及扁桃体观察→蹄部观察。

1）体表观察操作技术　用检验钩钩住屠体前肢顺时针旋转屠体（图4-2-5），观察屠体皮肤有无出血点、疹块、肢体末端蓝紫色、黄染，关节肿大等，特别注意猪瘟、非洲猪瘟、猪丹毒、高致病性猪蓝耳病等。

2）吻突观察操作技术　用钩子钩住鼻孔拉起，使猪头侧向检验检疫员，观察吻突有无水疱、破溃（图4-2-6）。

图4-2-5　屠体体表观察技术——旋转胴体，观察全身皮肤有无异常

图4-2-6　吻突观察技术——钩起鼻孔,观察吻突有无异常

3）口腔黏膜观察操作技术　左手持钩，钩住猪下唇；右手握刀，用刀的背面向相反方向扒开猪的上唇，打开口腔，观察唇内侧、齿龈、舌、硬腭等有无水疱或出血点（图4-2-7）。

4）咽及扁桃体观察操作技术（必要时）　将猪侧卧，切开两侧颊部皮肤肌肉，直至下颌关节（图4-2-8），强力打开下颌关节，可见口腔上部的硬腭和后方的软腭及腭扁桃体，观察有无异常（图4-2-9）。

5）蹄部观察操作技术

①观察蹄球　左手抬起猪前肢，观察蹄底部的蹄球有无水疱等异常（图4-2-10）。

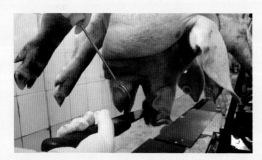

图4-2-7　口腔黏膜观察技术——观察口腔黏膜有无异常

图4-2-8　颊部切开检验技术——切开两侧颊部皮肤肌肉，强力打开下颌关节

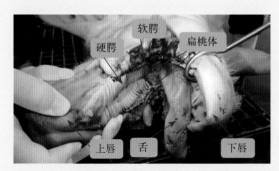

图4-2-9　咽及扁桃体观察技术——重点检查咽与扁桃体

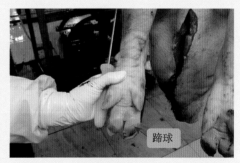

图4-2-10　蹄球观察技术——抬起前肢，观察蹄球有无水疱

②观察蹄冠　用左手高抬吊挂猪前肢，使其向上弯曲，观察蹄壳上缘的蹄冠部位有无水疱等异常（图4-2-11）。

③观察蹄叉　将刀子背面伸进蹄叉，向右侧旋转刀背，使左右蹄壳分开暴露蹄叉，观察蹄叉部的皮肤有无水疱等异常（图4-2-12）。

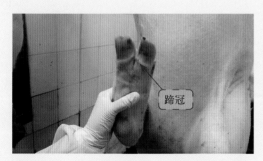

图4-2-11　蹄冠观察技术——高抬前肢，使其向上弯曲，观察蹄冠部有无水疱

图4-2-12　蹄叉观察技术——刀背分开蹄壳，观察蹄叉部皮肤有无水疱

2.下颌淋巴结检查　按照《生猪屠宰检疫规程》的规定：生猪屠宰，放血后褪毛前，要检查两侧下颌淋巴结。

（1）猪下颌骨结构简介　猪头骨包括颅骨和面骨。面骨主要由上颌骨和下颌骨等组成。

下颌骨是头骨中最大的骨，分为前部有齿槽的下颌体和后部无齿槽的下颌支。两侧下颌骨之间的空隙叫下颌间隙。下颌支与下颌体下缘相交处叫下颌角（图4-2-13）。下颌角附近的下颌间隙内有颌下腺，颌下腺的前下方有下颌淋巴结（图4-2-14、图4-2-15）。

（2）猪下颌淋巴结简介　下颌淋巴结又叫颌下淋巴结，屠宰行业习惯称颌下淋巴结。下颌淋巴结收集下颌部皮肤、肌肉、扁桃体等组织器官的淋巴液，猪患炭疽、

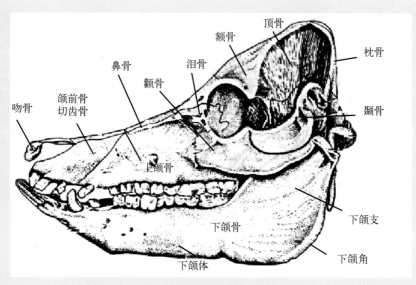

图4-2-13　猪头骨

（内蒙古农牧学院《家畜解剖学》）

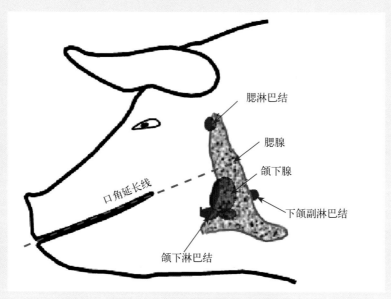

图4-2-14　猪头颈部器官（示意）

猪瘟等烈性传染病时都有特征性变化。因此下颌淋巴结是猪宰后必检淋巴结。

　　①下颌淋巴结的位置　下颌淋巴结位于下颌角附近，下颌骨后下缘内侧，下颌间隙后部，颌下腺前下方（图4-2-15），腮腺深面。

　　②检查实践中下颌淋巴结定位方法

　　A.下颌骨定位法　初学者检查前可使用下颌骨定位法，了解下颌淋巴结的大体位置。

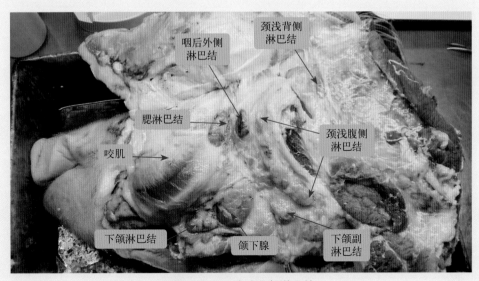

图4-2-15　猪头颈部淋巴结

　　伸开左右食指放到吊挂猪下颌支（下颌骨后方）的后缘，两个拇指沿水平方向放到颈前部（图4-2-16），然后两拇指自然下垂，指尖相距5~6cm，左右拇指的指尖所在位置，即是下颌淋巴结所在大体位置（图4-2-17）。

图4-2-16　下颌角定位法　食指拇指环绕颈部
两食指和两个拇指放在下颌支后缘，环绕猪颈部

图4-2-17　下颌角定位法　拇指下垂定位
两拇指自然下垂，指尖位置即是下颌淋巴结所在大体位置

　　B.喉口定位法　猪的喉较长，喉内黏膜围成的腔叫喉腔，喉腔前方叫喉口，与咽相通。

　　吊挂猪检查下颌淋巴结时，由放血刀口垂直向下切开第一刀后，可以见到喉和喉口，沿喉口划一条水平线，下颌淋巴结就在这条水平线下外方2~3cm的外侧45°角处（图4-2-18）。

　　C.胸骨舌骨肌和舌骨体定位法　检查下颌淋巴结切开第一刀后，可以见到两条胸骨舌骨肌，该肌肉起于胸骨柄，止于舌骨体。下颌淋巴结位于舌骨体两侧，以及胸骨舌骨肌末端两侧，并被部分覆盖（图4-2-19和图4-2-20）。检验下颌淋巴结时，割断两条胸骨舌骨肌末端即可见到下方的下颌淋巴结（图4-2-20和图4-2-21）。

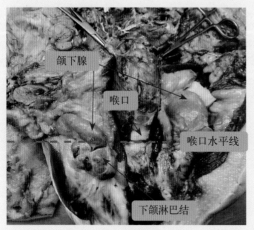

图4-2-18　喉口定位法

沿喉口划水平线，下颌淋巴结就位于下外方2～3cm的外侧45°角处

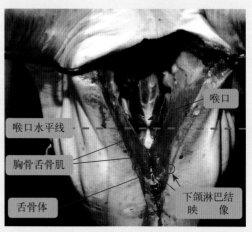

图4-2-19　胸骨舌骨肌和舌骨体定位法

下颌淋巴结位于舌骨体两侧及胸骨舌骨肌末端两侧，并被部分覆盖

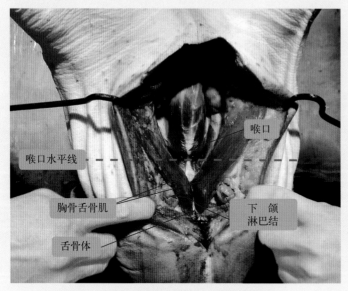

图4-2-20　胸骨舌骨肌和舌骨体定位法

分离开胸骨舌骨肌的末端，即可见到下颌淋巴结

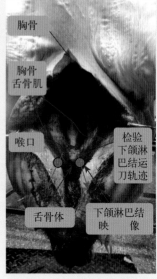

图4-2-21　检验运刀轨迹

切断两条胸骨舌骨肌末端即见到下方的下颌淋巴结

（3）下颌淋巴结检查岗位设置　下颌淋巴结检查岗位，放在放血之后，进入浸烫池脱毛之前。

（4）下颌淋巴结检查疫病控制

①猪咽炭疽　病猪腮大脖子粗，咽喉肿大，下颌淋巴结急剧肿大数倍，切面

樱桃红色或砖红色，有黑色坏死灶，脆而硬，刀割有沙砾感，淋巴结周围胶样浸润。

②猪瘟　病猪下颌淋巴结肿大，暗红色，切面呈红白相间的"大理石"状。

③非洲猪瘟　病猪下颌淋巴结肿大，大量出血，形似血块，切面严重出血。

（5）下颌淋巴结检查操作技术　下颌淋巴结检查一般由两位检验检疫员一起来完成，也可由一人完成。可采用"三刀法"或"两刀法"操作技术。

下面介绍常见的两人"三刀法"检查操作技术：

①固定屠体　主检验检疫员（操刀手）位于左侧，左手持钩，于左前肢上方钩住放血刀口中部的左侧皮肤，并压住左前肢（防止猪挣扎伤人）；助手位于右侧，左手抓住猪的右前蹄（防止猪挣扎），右手持钩，于猪右前肢的下方钩住放血刀口中部的右侧皮肤（图4-2-22）。

②进刀　检验刀由放血刀口进刀，并沿放血刀进刀轨迹将检验刀全部插入直至刀柄处（图4-2-23）。

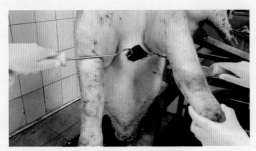

图4-2-22　固定屠体

主检验检疫员和助手用钩子钩住放血刀口中部，向两侧轻拉

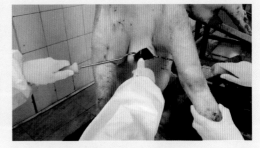

图4-2-23　进刀

③第一刀　主检验检疫员右手握刀，由放血刀口沿颈中部垂直向下直至舌骨体，一刀切开颈部皮肤肌肉，暴露喉；然后向外收刀，以浅刀继续向下切开5～6cm，形成延长血流刀口（图4-2-24）。

④再次固定屠体　助手的检验钩随主检验检疫员的钩子下移，钩住新刀口的中部（图4-2-24）。

⑤第二刀　主检验检疫员持刀紧贴喉的左侧进刀（图4-2-25），然后沿喉口与左下颌角连线的方向运刀，做一外凸的

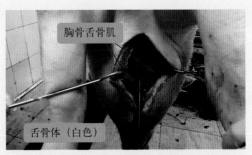

胸骨舌骨肌

舌骨体（白色）

图4-2-24　下颌淋巴结检查第一刀

沿颈中部向下切开皮肤肌肉至舌骨体，再以浅刀下切5～6cm

弧形切口，首先切开喉左侧下方的组织，再向下切断左侧胸骨舌骨肌的末端（舌骨体上方3cm处）及其下方外侧的组织，并继续向左下方外侧运刀，纵剖左侧下颌淋巴结（图4-2-25、图4-2-26、图4-2-29）。打开切面，观察有无异常。

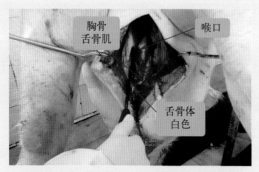

图4-2-25　下颌淋巴结检查第二刀进运刀
紧贴喉左侧进刀，向左下方运刀，切断左侧胸骨舌骨肌的末端

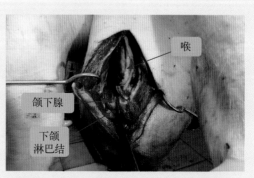

图4-2-26　下颌淋巴结检查第二刀剖检
纵切左侧下颌淋巴结

图4-2-27　下颌淋巴结检查第三刀进运刀
紧贴喉的右侧进刀，向右下方运刀，切断右侧胸骨舌骨肌的末端

⑥第三刀　紧贴喉的右侧进刀（图4-2-27），然后沿喉口与右下颌角的连线方向运刀，做一外凸的弧形切口，首先切开喉右侧下方的组织，再向下切断右侧胸骨舌骨肌的末端（舌骨体上方3cm处）及其下方外侧的组织，并继续向右下方外侧运刀，纵剖右侧下颌淋巴结（图4-2-27至图4-2-29）。打开切面，观察有无异常。

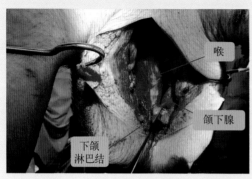

图4-2-28　下颌淋巴结检查第三刀剖检
纵切右侧下颌淋巴结

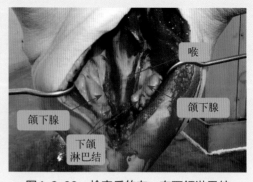

图4-2-29　检查后的左、右下颌淋巴结

注意事项：①检验刀的刀面必须全部插入放血刀口内，才能一刀切开颈部皮肤肌肉。②第一刀要使皮肤切口垂直向下，若放血刀口偏斜应尽量纠正。③第二刀和第三刀要全部在新刀口内运行，不能使皮肤形成"人字形"刀口或形成多处切口，以保证商品的完整性。④剖检吊挂猪下颌淋巴结时，位于下颌淋巴结上方的颌下腺往往被同时剖开，要注意两者的区别：颌下腺多为上尖下圆的扁圆形，长5～6cm，淡红色，可见分叶；猪下颌淋巴结呈卵圆形，较小长2～3cm，呈带皮花生大小，组织显细腻致密，位于吊挂猪下颌腺的下方（图4-2-29）。

3.摘除甲状腺　猪甲状腺被人食用后会引起代谢紊乱或威胁生命，属于不可食用的有害腺体，按照《生猪屠宰产品品质检验规程》（GB/T 17996—1999）的规定，生猪宰后要摘除甲状腺并销毁。

（1）猪甲状腺简介　猪甲状腺位于喉的后方，气管腹侧。呈长椭圆状，形如大枣，深红色，分叶不明显（图4-2-30至图4-2-32）。

（2）甲状腺摘除岗位设置　可设在下颌淋巴结检查之后，或割头之后，心、肝、肺摘除之前进行。

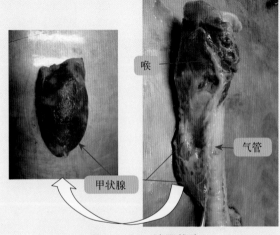

图4-2-30　猪甲状腺

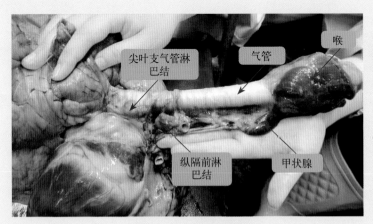

图4-2-31　猪甲状腺

位于喉的后方，气管腹侧

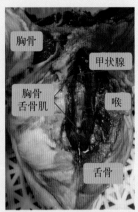

图4-2-32　吊挂猪的甲状腺位于喉的上方

（3）甲状腺摘除操作技术

①吊挂带头猪甲状腺摘除操作技术　操作人员左手握住猪左前蹄，右手伸入下颌淋巴结检验刀口内，首先摸到坚实的喉，然后沿喉和气管两侧向上摸，在距喉3~5cm处的气管腹侧摸到呈"大枣"状的实质性器官即为甲状腺，用手将其握紧向下拉，并完整摘除（图4-2-33），放到专用容器中，集中销毁处理。

图4-2-33　未去头吊挂猪摘除甲状腺操作技术

②吊挂去头猪甲状腺摘除操作技术　割头之后，可以在吊挂猪上进行，也可以在剥皮台上使其仰卧进行(如剥皮猪)。操作方法与吊挂带头猪相同（图4-2-34、图4-2-35）。

图4-2-34　去头吊挂猪摘除甲状腺操作技术

图4-2-35　摘除的甲状腺，形如大枣，深红色

注意事项：①摘除甲状腺必须在心肝肺摘除之前进行，心肝肺摘除之后甲状腺已经不完整，一部分连在气管上，大部分遗留在胴体内，再寻找很困难。②放血刀口偏离猪体中心线时，容易将甲状腺割离气管腹侧，这时要在气管两侧的组织中寻找"大枣"样的器官。

4.咬肌检查　按照《生猪屠宰检疫规程》的规定，猪宰后要"剖检两侧咬肌，充分暴露剖面，检查有无猪囊尾蚴"。

（1）猪咬肌和翼肌简介 猪的咬肌和翼肌都属于咀嚼肌。咬肌位于下颌支外侧面，翼肌位于下颌支内侧面（图4-2-36）。猪宰后剖检咬肌和翼肌可检查猪囊尾蚴。

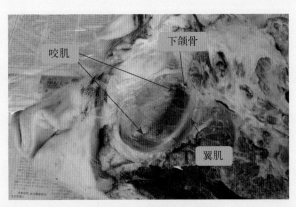

图4-2-36 猪咬肌和翼肌

（2）咬肌检查岗位设置 咬肌检验可以在割头之前的吊挂猪头上进行，也可以在割头之后，将头放在检验台上检验。

（3）咬肌检查疫病控制 猪宰后检查咬肌主要控制猪囊尾蚴。

（4）咬肌检查操作技术 检查咬肌时，无论在吊挂猪上进行，还是割头后在检验台上进行，一般先检查位于检验检疫员左侧的咬肌，再检查位于检验检疫员右侧的咬肌。

检查咬肌时，如果发现疑似囊虫感染，要再剖检翼肌，以便综合判断确诊。

①检查位于检验检疫员左侧的咬肌和翼肌 左手持钩，钩住位于检验检疫员左侧咬肌的外缘；右手握刀，紧贴下颌骨外侧，先向前运刀数厘米，割开坚韧的筋膜，再向后下方抽刀将咬肌平行剖开，然后左右手外展打开剖面，检查有无囊虫（图4-2-37）。

如果发现有疑似囊虫感染时还要剖检翼肌：左手钩子不动，右手握刀紧贴下颌骨内侧将翼肌剖开，然后外展打开剖面，检查有无囊虫（图4-2-38）。

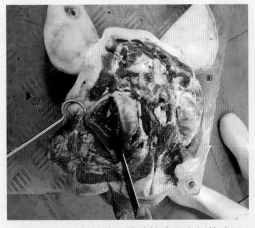

图4-2-37 剖检位于检验检疫员左侧的咬肌

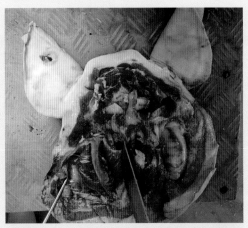

图4-2-38 剖检位于检验检疫员左侧的翼肌

②检查位于检验检疫员右侧的咬肌和翼肌　左手持钩，钩住位于检验检疫员右侧下颌骨左边的翼肌；右手握刀紧贴下颌骨外侧，先向前运刀数厘米，割开筋膜，再向后下方抽刀将咬肌平行剖开，然后左右手外展打开剖面，检查有无囊虫（图4-2-39）。

如果发现有疑似囊虫感染时还要剖检翼肌：左手钩子不动，右手握刀紧贴下颌骨内侧将翼肌剖开，然后外展打开剖面，检查有无囊虫（图4-2-40）。

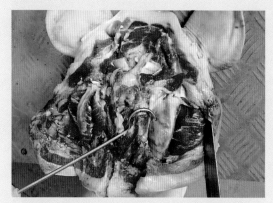 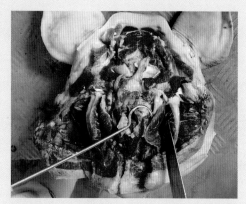

图4-2-39　剖检位于检验检疫员右侧的咬肌　　　图4-2-40　剖检位于检验检疫员右侧的翼肌

二、体表检查

按照《生猪屠宰检疫规程》和《生猪屠宰产品品质检验规程》的规定，生猪宰后要进行体表检查。

（一）体表检查岗位设置

1.带皮猪　皮肤检查设在脱毛之后，燎毛之前进行。

图4-2-41　皮张检查（灯箱照皮）

2.剥皮猪　剥皮之后将皮张放在灯箱上进行检查，特别对黑皮肤的猪要仔细观察（图4-2-41）。

（二）体表检查疫病控制

1.口蹄疫　观察带皮猪的乳房等部位是否有水疱与溃烂等。

2.高致病性猪蓝耳病　病猪耳、外阴、乳头、尾、胸腹下部和四肢末端呈蓝紫色。

3.猪瘟　全身皮肤有出血点。

4.非洲猪瘟　皮肤有出血点、发红、蓝紫色斑块，或有坏死灶。

5.猪丹毒

（1）急性败血型　呈皮肤充血，呈紫红色，俗称"大红袍"。

（2）亚急性疹块型　皮肤疹块，俗称"打火印"。

（三）体表检查内容与操作技术

1.皮肤检查　检查屠体全部皮肤，必要时旋转屠体，注意有无水疱、出血点、出血斑、疹块、肿瘤、坏死、皮疹皮炎、脓肿、外伤等异常（图4-2-42）。

图4-2-42　体表检查

2.颈部耳后注射包囊、包块检查　割头之后进行。检查屠体颈部耳后有无局部肿胀、化脓，发现有注射针孔的，应注意检查注射针孔及周围是否有包囊、包块，或未被吸收的注射液等，必要时切开检查。

3.颈部耳后注射包囊、包块处理技术　一般包囊都具有完整的囊壁，发现注射包囊或包块时，不能破坏包囊壁，要将包囊壁和周围组织一起修割掉。在处理过程中如果包囊破裂，脓包内容物污染产品要进行清洗与扩创修割，被污染的工具要彻底消毒清洗。

三、内脏检查

按照《生猪屠宰检疫规程》和《生猪屠宰产品品质检验规程》的规定，生猪宰后要进行内脏检查。

内脏检查主要包括胸、腹腔器官及相关淋巴结的检查。内脏检查在屠体挑胸剖腹之后进行。

内脏检查流程：视检腹腔及肠浆膜→肠系膜淋巴结检查→脾脏检肠疽查→膀胱检查→尿样采集（宰后"瘦肉精"检测）→胃肠检查→摘除肾上腺→取左右膈脚（寄生虫检验）→心肝肺检查。

（一）猪消化道简介

猪消化系统包括消化道和消化腺两部分。消化道是食物通过的管道，起于口腔，止于肛门（图4-2-43至图4-2-45）。消化腺是分泌消化液的腺体，消化液内含消化酶，可以对食物进行化学性消化。消化腺包括唾液腺、肝、胰、胃腺和肠腺图4-2-44）。

1.口腔　包括唇、颊、硬腭、软腭、舌、齿、口腔底和唾液腺等。

2.胃　猪胃为一弯曲的囊状器官，横于腹前部，壁面朝前，脏面朝后。上方的

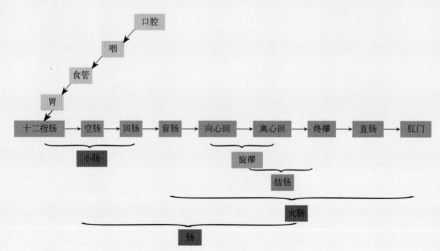

图4-2-43　猪消化道的组成

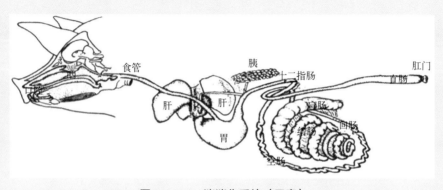

图4-2-44　猪消化系统（示意）

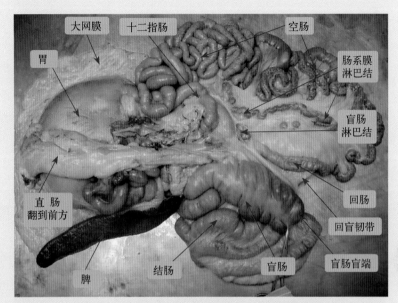

图4-2-45 猪消化系统（直肠、肛门移到前方）

凹面叫胃小弯，下方的凸面叫胃大弯。胃大弯左侧与脾脏通过大网膜疏松的连接。
贲门位于胃小弯左前方，与食管相接。幽门位于胃小弯的右外侧，与十二指肠相连
（图4-2-45、图4-2-46）。

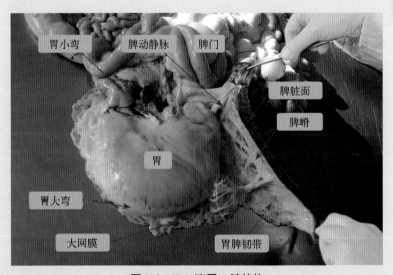

图4-2-46 猪胃、脾结构

3.小肠 猪小肠长15～20m，长度为体长的15倍多，分为十二指肠、空肠和
回肠。

空肠是小肠中最长的一段，以较长的空回肠系膜吊于腰椎之下，位于腹腔右半部及左后部，空肠有许多肠圈，向后与回肠相连。回肠与盲肠相通。

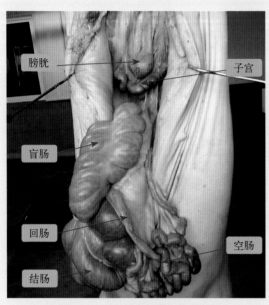

空肠淋巴结（又叫肠系膜淋巴结）位于空回肠系膜中，有两列，数量多、外形大且长，淋巴结越靠近直肠端越大。国家标准规定，猪宰后必须检验空肠淋巴结，主要控制猪肠炭疽（图4-2-45）。

4.大肠　猪大肠长4～4.5m，分为盲肠、结肠和直肠。

盲肠短而粗，长20～30cm，末端钝圆叫盲端，指向骨盆腔前口。屠宰剖腹后，盲肠暴露在腹腔刀口表面，盲肠是检验肠系膜淋巴结的定位标志（图4-2-47）。肠型猪瘟的特征性病变是盲肠黏膜形成"扣状肿"。

图4-2-47　吊挂猪剖腹后腹腔结构

（二）视检腹腔及肠浆膜

《生猪屠宰检疫规程》规定，"取出内脏前，观察胸腔、腹腔有无积液、粘连、纤维素性渗出物"。

1.视检腹腔及肠浆膜检查岗位设置　腹腔及胃肠浆膜观察设置在剖腹之后进行。

2.视检腹腔及肠浆膜疫病控制　通过胸、腹腔切口观察胸、腹腔及肠浆膜有无以下异常（图4-2-47）：

（1）猪瘟　腹膜和肠浆膜、黏膜有出血点。

（2）猪肺疫　胸腔积液，内含纤维蛋白混浊液，肺和胸膜覆盖纤维素性薄膜。

（3）猪副伤寒　小肠壁菲薄，内含大量气体，肠壁有点状出血。

（4）链球菌病　胸、腹腔内有淡黄混浊液，内脏器官覆盖纤维渗出物病变。

（5）副猪嗜血杆菌　肺、肝、脾、肠表面覆盖淡黄色假膜，内脏器官粘连，常发生"绒毛心"或肠气泡症等病变。

3.视检腹腔及肠浆膜检查操作技术　观察胸腔、腹腔有无积液，腹腔浆膜和肠浆膜有无出血点、粘连、纤维素性渗出物等异常。

（三）肠系膜淋巴结（空肠淋巴结）检查

按照《生猪屠宰检疫规程》和《生猪屠宰产品品质检验规程》的规定，生猪宰后要检查肠系膜淋巴结，剖检长度不少于20cm。

1.肠系膜淋巴结检查岗位设置　肠系膜淋巴结（又叫空肠淋巴结）（图4-2-45、图4-2-48至图4-2-51）检查设置在剖腹和腹腔及肠浆膜观察之后进行。

2.肠系膜淋巴结检查疫病控制

（1）肠炭疽　肠系膜淋巴结肿大、出血，砖红色，脆而硬。

（2）猪瘟　肠系膜淋巴结肿大，有出血点，暗红色，切面有"大理石"状出血。

（3）非洲猪瘟　肠系膜淋巴结肿大、出血，切面出血。

（4）高致病性猪蓝耳病　肠系膜淋巴结灰白色，切面外翻。

（5）猪副伤寒　肠系膜淋巴结明显肿大，有出血点，切面呈灰白色脑髓样结构。

3.肠系膜淋巴结检查操作技术　初学者检查肠系膜淋巴结时，要首先找到盲肠，通过盲肠找到肠系膜淋巴结。

（1）寻找盲肠　屠体剖腹后，盲肠暴露在腹腔刀口表面（图4-2-47），如果盲肠没有暴露，用左手伸进腹腔，沿腹腔左侧或右侧腹壁向上滑动，可翻出盲肠；如果盲肠与其他组织发生粘连，要谨慎处理，不能拉破盲肠壁。

（2）提起盲端　左手抓住盲肠的盲端，向左上方轻轻提起，通过回盲韧带和回肠将空回肠系膜拉出腹腔，可见到空肠末端及部分肠系膜淋巴结（图4-2-48）。

（3）提起空肠末端　左手松开盲肠，抓住空肠末端并拉紧，上提并外展成扇形，可见位于空回肠系膜上有一串粗大的带状肠系膜淋巴结（图4-2-49）。

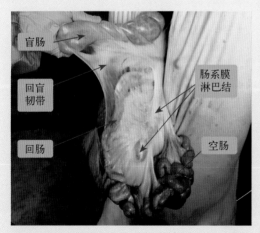

图4-2-48　初学者提起盲肠的盲端，可见空肠末端

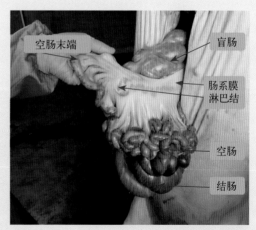

图4-2-49　提起空肠末端外展，可见带状的肠系膜淋巴结

（4）纵剖肠系膜淋巴结　左手抓住空肠末端，拉平肠系膜，右手持刀，自上而下纵剖肠系膜淋巴结20cm以上（图4-2-50和图4-2-51），视检有无异常。

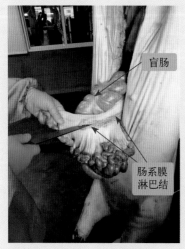

图4-2-50　纵剖肠系膜淋巴结20cm以上，观察有无异常

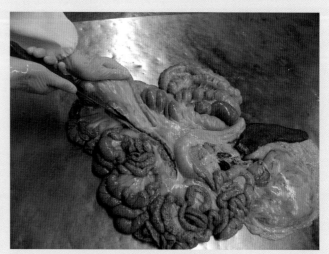

图4-2-51　检验台上纵剖肠系膜淋巴结20cm以上，观察有无异常

注意事项：

剖检时要将肠系膜淋巴结纵切2/3～3/4，不能将其完全剖开，更不能割破肠系膜，否则会引起出血，也不能触及肠壁，如割破肠壁要马上清洗处理。

（四）脾脏检查

1.猪脾脏简介　猪脾狭而长、质地较硬，紫红色，断面呈三角形，边缘薄锐（图4-2-52）。脾的上端叫脾头，下端较窄叫脾尾，中间叫脾体。脾位于胃大弯左侧（图4-2-53），脾的壁面平坦，紧贴左侧腹壁及腹下壁。脾的脏面借胃脾韧带（胃脾网膜）与胃松弛相连，脾头与胃距离较近，脾尾以较长的胃脾网膜与胃疏松的连接，故呈游离状，倒挂猪剖腹后检验脾脏时要抓住脾尾才能将其拉出腹腔。脾的脏面有一长嵴，上有脾门，是血管淋巴管出入之处，脾淋巴结沿脾血管分布（图4-2-54）。

图4-2-52　猪脾断面结构

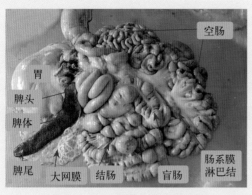

图4-2-53　猪胃、脾、肠结构

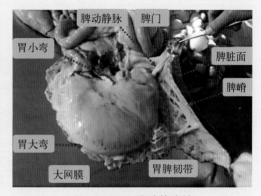

图4-2-54　猪脾的连接

2. 脾脏检查岗位设置　该检验岗位可设在肠系膜淋巴结检验之后进行。

3. 脾脏检查疫病控制

（1）猪瘟　脾脏边缘有出血性梗死灶，呈紫红至黑红色，隆起于脾表面。

（2）非洲猪瘟　检查有无显著肿胀、淤血、颜色变暗、质地变脆。

（3）高致病性猪蓝耳病　脾肿大，表面有米粒大出血丘疹。

（4）败血型炭疽　脾极度肿大，切面黑红色，脾髓呈泥状。

（5）急性猪丹毒　脾明显肿大，呈樱桃红色，切面外翻，有"红晕"现象。

（6）猪副伤寒　脾肿大，硬似橡皮，切面有"红晕"现象。

（7）猪Ⅱ型链球菌病　脾肿大1～3倍，脆而软，呈紫红色，切面隆突呈黑红色。

4. 脾脏检查操作技术

（1）将脾脏拉出腹腔　左手伸进腹腔（图4-2-55），沿左侧腹壁和胃之间找到脾脏，食指和拇指轻抚脾的两侧边缘，沿脾体滑向脾尾，抓住脾尾，将脾脏拉出腹腔，壁面朝上并外展（图4-2-56）。

图4-2-55　左手沿左侧腹壁伸进腹腔，
　　　　　　寻找脾脏

图4-2-56　拉出脾脏，视检壁面形状、大小、色泽
　　　　　　有无异常

（2）视检脾脏　观察脾脏壁面和脏面（图4-2-57），检查其形状、大小、色泽有无异常。

（3）触检脾脏　用刀背轻刮并按压脾脏壁面，刮去表面血污，并触检脾脏的弹性（图4-2-58）、质地变化，检查有无梗死、丘疹、出血、肿大、纤维素性渗出物，或"硬如皮"或"软如泥"等异常。

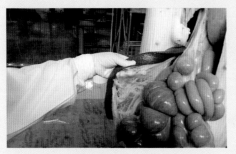 

图4-2-57　视检脾脏脏面形状、大小、色　　图4-2-58　刀背触检脾脏，检查质地有无异常
　　　　　泽有无异常

（4）剖检脾脏　必要时纵剖或横断脾脏（图4-2-59），检查切面有无外翻或"红晕"现象；用刀背轻刮脾脏断面的脾实质，检查有无血粥样物等异常。

（5）检验台检查脾脏　脾脏检查，也可以在检验台上进行（图4-2-60和图4-2-61）。

图4-2-59　必要时纵剖脾脏，检查脾脏实质有无异常

图4-2-60　检验台视检脾脏壁面

图4-2-61　检验台视检脾脏壁面

（五）膀胱检查

按照《生猪屠宰产品品质检验规程》的规定，生猪宰后要进行膀胱检查。

1.猪膀胱简介　膀胱是暂时贮存尿液的器官，呈梨状，空虚时位于骨盆腔前部，充尿时突入腹腔。膀胱前端钝圆部叫膀胱顶，中部叫膀胱体，后端细小部叫膀胱颈，与尿道相连（图4-2-62和图4-2-63）。发生猪瘟、猪副伤寒、猪链球菌病时，膀胱有出血点。

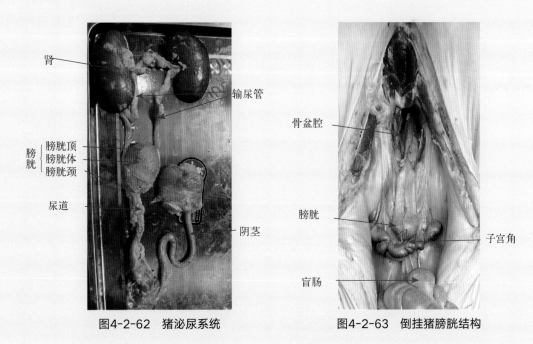

图4-2-62　猪泌尿系统　　　　　图4-2-63　倒挂猪膀胱结构

2.膀胱检查岗位设置　膀胱检查可以设在脾脏检查之后进行，然后进行尿样采集。

3.膀胱检查疫病控制

（1）猪瘟　膀胱、输尿管、肾盂黏膜有出血点。

（2）非洲猪瘟　膀胱、肾盂有出血点。

（3）猪副伤寒　膀胱和肾盂黏膜有出血点。

（4）猪链球菌病　膀胱黏膜充血或见小出血点。

观察膀胱有无血尿等。

4.膀胱检查操作技术　观察膀胱浆膜有无出血点、粘连、纤维素性渗出物，必要时剖检膀胱，检查膀胱黏膜有无异常。

（六）尿样采集（宰后"瘦肉精"检测）

按照农业农村部有关规定，生猪宰后要进行"瘦肉精"检测。"瘦肉精"检测的样品来源可以是猪肉、猪肝或猪尿。

1.宰后猪尿样品采集岗位　宰后猪尿采集可以放在剖腹取膀胱之后进行。

2.宰后取尿样流程　取膀胱→抽取尿液→膀胱编号→快速检测→结果判定→处理。

3.膀胱取尿样操作技术　详见第五章。

4.快速检测操作技术　详见第五章。

5.检测后的处理　详见附表三。"瘦肉精"快速检测之后要填写《屠宰场"瘦肉精"自检记录》。

（1）检测结果为阴性的，准予屠宰。

（2）检测结果为阳性的，要在屠体或胴体上盖"可疑病猪"章，并将其从胴体生产线轨道上转入"病猪轨道"，送入"病猪间"。送样品到指定实验室进行复检，复检仍为阳性的全部销毁处理。已屠宰的同群猪逐头取样检测，阳性的销毁处理。未屠宰的同群猪送入隔离圈，逐头取样检测，阴性的准予屠宰，阳性的销毁处理。

（七）胃肠检查

1.胃肠检查岗位设置　胃肠取出后放在同步轨道的盘里进行检查；如果无同步轨道，胃肠取出后将"编号"贴在胃表面，放到检验台上进行检查。

2.胃肠检查疫病控制

（1）猪瘟　胃底黏膜有出血、溃疡灶，肠黏膜有出血点，盲肠、结肠黏膜有"扣状肿"。

（2）非洲猪瘟　病猪胃、肠的浆膜和黏膜出血。

（3）肠炭疽　小肠黏膜覆盖黑色痂膜，或形成火山口状溃疡，邻近肠黏膜有胶样浸润的病变。

（4）猪副伤寒　胃底和肠壁出血；小肠壁菲薄，呈紫红色，内含大量气体，盲肠、结肠黏膜有灰黄或淡绿色麦麸样假膜。

（5）副猪嗜血杆菌病　胸、腹腔器官和关节囊覆盖淡黄色蛋皮样薄膜。

3.胃肠检查操作技术

（1）视检胃肠和肠系膜浆膜　观察胃、肠和肠系膜浆膜有无病变；触检胃肠浆膜，并翻动胃肠，观察整个胃肠有无异常（图4-2-64至图4-2-66）。

（2）视检胃、肠黏膜

①视检胃黏膜　于胃大弯处切开胃壁，洗净，观察胃黏膜有无出血、溃疡等病变（图4-2-67）。

图4-2-64　同步轨道胃肠检查

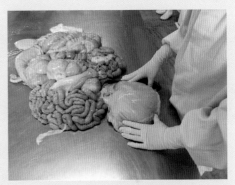

图4-2-65　检验台检查胃浆膜

图4-2-66　检验台检查肠浆膜

图4-2-67　胃黏膜检查（必要时）

②视检肠黏膜　一般切开回肠末端、盲肠和结肠前段"三肠结合处"40cm以上，洗净，观察小肠黏膜有无黑色痂膜覆盖；肠黏膜有无出血点，盲肠、结肠黏膜有无"扣状肿"；大肠黏膜有无麦麸样假膜；腹腔器官有无蛋皮样薄膜覆盖等（图4-2-68）。

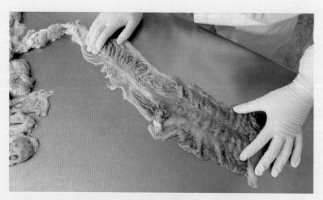

图4-2-68 肠黏膜检查（必要时）

（八）摘除肾上腺

猪肾上腺被人食用后会引起代谢紊乱，甚至威胁生命，属于不可食用的有害腺体，生猪宰后要摘除肾上腺进行无害化处理。

1. 猪肾上腺简介　猪肾上腺位于两肾内侧缘前方，细长，形如人的小拇指。与肾共同包在肾筋膜内（图4-2-69、图4-2-70）。猪肾上腺皮质呈红褐色，髓质呈土黄色，其断面四周呈红褐色，中央为土黄色，很像胡萝卜的断面（图4-2-71、图4-2-72）。

图4-2-69 离体猪肾和肾上腺

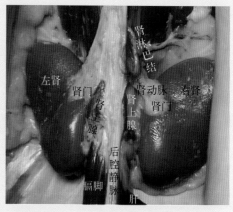

图4-2-70 倒挂猪的肾脏和肾上腺

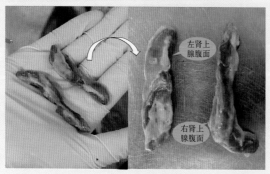

图4-2-71 摘除的肾上腺

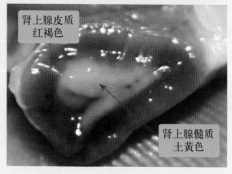

图4-2-72 猪肾上腺断面结构

2.肾上腺摘除岗位设置　可设在胃肠摘除之后，膈脚与心肝肺摘除之前进行。

3.肾上腺摘除操作技术　一般先摘除右侧肾上腺，再摘除左侧肾上腺。

（1）右侧肾上腺摘除操作技术　操作人员左手持长柄带钩的镊子，夹住右肾上腺外侧的浆膜（吊挂猪），右手握刀从右侧至左侧将右肾上腺完整切除（图4-2-73）。

（2）左侧肾上腺摘除操作技术　操作人员用长柄带钩的镊子，夹住左肾上腺内侧的浆膜（吊挂猪），右手握刀从右侧至左侧将左肾上腺完整切除（图4-2-74）。

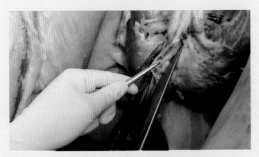
图4-2-73　右肾上腺摘除技术

图4-2-74　左肾上腺摘除技术

注意事项：①肾上腺摘除要在取心肝肺和取膈脚之前摘除，否则肾上腺将破损。②肾上腺较小，取胃肠时要将肾上腺完整地保留在胴体内，不得损伤肾上腺。

（九）取左、右膈脚

按照《生猪屠宰检疫规程》的规定，猪宰后检查纤毛虫要"取左右膈脚各30g左右，与胴体编号一致，撕去肌膜，感官检查后镜检"。

1.猪膈简介　膈位于胸腹腔之间，呈圆顶状，凸入胸腔内，属于吸气肌。膈的四周是肌肉组织构成的肌质部，膈的中央是肌腱构成的腱质部（图4-2-75至图4-2-77）。

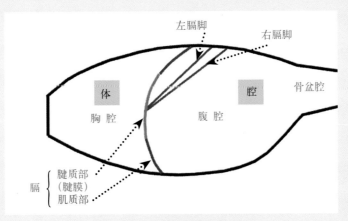
图4-2-75　膈和体腔（示意）

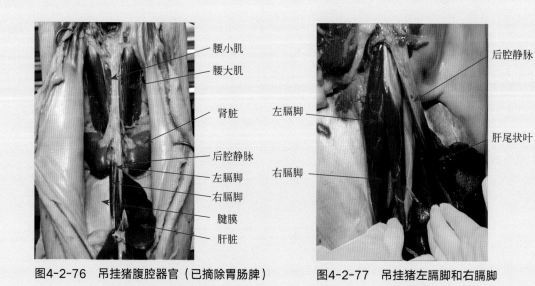

图4-2-76　吊挂猪腹腔器官（已摘除胃肠脾）　　图4-2-77　吊挂猪左膈脚和右膈脚

膈的肌质部有三个部位附着于体壁：

（1）肋部　附着于肋软骨。

（2）胸骨部　附着于胸骨的剑状软骨背侧。

（3）腰部　附着于腰椎腹侧，分为左膈脚和右膈脚（图4-2-75至4-2-77）。

①左膈脚　较小，起于2～3腰椎腹侧，止于中央腱质部。

②右膈脚　较大，起于前4个腰椎腹侧，止于中央腱质部。

2.取膈脚岗位设置　可设在取胃肠与肾上腺摘除之后，心肝肺摘除之前进行。

3.取膈脚和检查膈脚流程　取左、右膈脚→贴编号→放入盘中→送寄生虫检查室→视检和镜检旋毛虫，以及住肉孢子虫和猪囊虫。

4.取膈脚操作技术

（1）手指固定法　操作者用左手食指于左、右膈脚之间插入，向上钩住左右膈脚相连处（图4-2-78）；右手握刀，将食指上方膈脚的肌腱与腰椎相连处割断，将割断的膈脚向外拉紧，然后再向下纵剖肌腹30g左右（8～10cm）（图4-2-79），取出膈脚。此种方法易操作。

（2）检验钩固定法　操作者左手持钩，钩住左右膈脚的肌腹部分（图4-2-80）；右手握刀，将膈脚上方的肌腱割断，向外拉紧膈脚，再向下纵切肌腹30g左右（8～10cm）横断（图4-2-81），取出膈脚。

（3）贴编号　膈脚取出后，要在两膈脚之间的肌腱处，贴绕上与胴体一致的编码（图4-2-82），然后送寄生虫检查室备检。

5.实验室检查膈脚的方法　见本节"四、寄生虫检查"。

图4-2-78 手指固定法——左手食指钩住左右膈脚相连处，用刀切断上方的肌腱

图4-2-79 切断膈脚——将割断的肌腱向外拉紧，向下纵剖膈脚肌腹10cm后横断

图4-2-80 检验钩固定法——钩住两膈脚肌腹部分，横断上方的肌腱

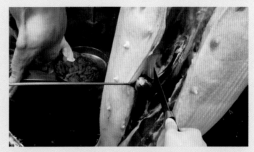

图4-2-81 切断膈脚——将割断的肌腱外拉，向下纵剖膈脚肌腹10cm后横断

图4-2-82 左、右膈脚相连处绕贴编号

（十）心肝肺检查

1. 心肝肺检查岗位设置 心肝肺取出后，将喉口挂在同步轨道钩子上进行检查；如果没有同步轨道，心肝肺取出后将编号贴在肝表面，放到检验台上进行检查。

2. 心肝肺检查流程 肺脏检查→心脏检查→肝脏检查（即肺-心-肝）。

3.肺脏检查

（1）猪肺脏简介

①猪肺的形态与位置　猪肺位于胸腔内，粉红色，质轻而柔软，富有弹性，右肺比左肺稍大。猪左肺分三叶，即尖叶、心叶和膈叶（图4-2-83）；猪右肺分四叶，即尖叶、心叶、膈叶和副叶。

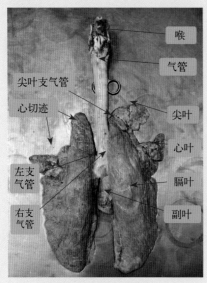

图4-2-83　猪肺结构

A.肺门　支气管、血管和神经等出入肺的地方，位于心切迹的后上方。

B.肺小叶　肺表面有一层肺胸膜，肺胸膜的结缔组织深入肺内，将肺分成许多小叶，叫肺小叶。猪的肺小叶明显。临床上"小叶性肺炎"即是指肺小叶范围内的炎症。

②猪肺的淋巴结　猪肺的淋巴结都围绕在肺门附近，称为支气管淋巴结，共有四群（图4-2-84和图4-2-85）。

A.尖叶支气管淋巴结　位于尖叶支气管前方。

B.右支气管淋巴结　位于右支气管前方与尖叶支气管之间。

C.左支气管淋巴结　位于左支气管前方。

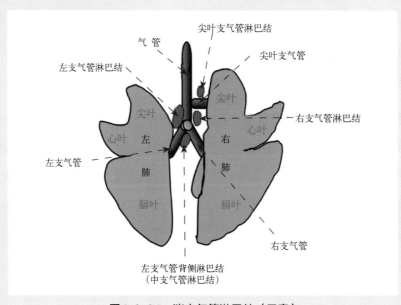

图4-2-84　猪支气管淋巴结（示意）

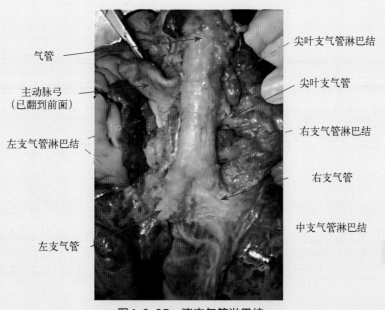

图4-2-85　猪支气管淋巴结

D.支气管背侧淋巴结　又叫中支气管淋巴结，位于气管分叉处的背侧，常略偏左侧。

以上四群淋巴结输入管均来自心肺，输出管走向纵隔前淋巴结。

宰后检查：猪宰后检查支气管淋巴结，一般常检查最大的左支气管淋巴结，必要时检查其他支气管淋巴结。

（2）肺脏检查岗位设置　肺脏检查岗位放在心肝肺摘除之后进行。

（3）肺脏检查疫病控制

①猪瘟　感染引起纤维素性肺炎，肺表面有纤维素附着，肺与胸膜粘连。

②非洲猪瘟　肺肿水，淤血，出血；气管、支气管充满泡沫和淡黄色液体。

③高致病性猪蓝耳病　肺膨大、淤血、暗红色，肺间质增宽，小叶明显。胸腔有积液。

④肺炭疽　肺有肿块，脆而硬，暗红色，支气管淋巴结肿大，呈砖红色，周围有胶样浸润。

⑤猪肺疫　肺有大量红色肝变区和出血斑块，覆盖纤维素薄膜，与胸粘连。

⑥猪链球菌病　肺膨大、出血，可见密集的化脓性结节或脓肿。

⑦猪支原体肺炎　两肺高度膨胀，对称性发生"肉样变"或"胰样变"。

⑧副猪嗜血杆菌病　肺、腹腔器官和胸、腹腔壁覆盖淡黄色蛋皮样的薄膜。

⑨猪肺线虫病（肺丝虫病）　肺表面有灰白色凸起的肺气肿区。

（4）肺脏检查流程　视检肺脏→触检肺脏→剖检左支气管淋巴结→必要时切开气管、支气管和肺进行检查。

（5）肺脏检查操作技术

①旋转心肝肺　心肝肺从胸腔摘除以后，将喉口插入同步轨道的钩子上，此时肺脏的腹面与心脏正对检验检疫员（图4-2-86），心脏遮挡了肺的大部分，此时需要用钩子将肺脏顺时针向右旋转。操作如下：左手持钩，钩住左肺尖叶，右手用刀辅助，让肺顺时针旋转，使其背侧面正对检验检疫员。

②视检肺脏　观察两肺形状、大小、色泽有无异常。

③触检肺脏　使左肺的膈叶正对检验检疫员或

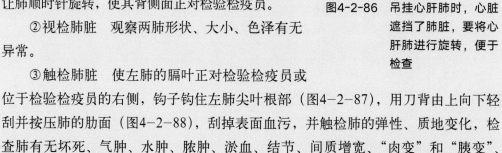

图4-2-86　吊挂心肝肺时，心脏遮挡了肺脏，要将心肝肺进行旋转，便于检查

位于检验检疫员的右侧，钩子钩住左肺尖叶根部（图4-2-87），用刀背由上向下轻刮并按压肺的肋面（图4-2-88），刮掉表面血污，并触检肺的弹性、质地变化，检查肺有无坏死、气肿、水肿、脓肿、淤血、结节、间质增宽、"肉变"和"胰变"、纤维素性渗出物等。

图4-2-87　固定肺——用钩子钩住左肺尖叶根部

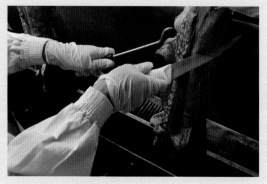

图4-2-88　触检肺——右手持刀，用刀背轻刮触检肺脏

④左支气管淋巴结剖检操作技术　剖检左支气管淋巴结，主要检查肺炭疽，观察其是否肿大、砖红色以及周围有胶样浸润。

左手持钩，钩住左肺尖叶根部，向左下方牵拉；右手握刀，紧贴气管向下运刀（图4-2-89），纵剖左支气管前方的左支气管淋巴结，打开切面，观察有无异常（图4-2-90）。必要时再剖检中支气管淋巴结、右支气管淋巴结和尖叶支气管淋巴结。

图4-2-89　纵剖左支气管淋巴结

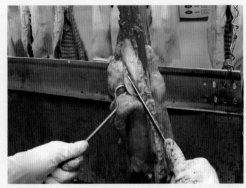
图4-2-90　打开切面，观察左支气管淋巴结有无异常

⑤气管、支气管和肺剖检操作技术（必要时）　发现肺有可疑病变时，需进一步诊断或没有同步检验检疫轨道的企业，可将肺摘出后放到检验台进行检查。肺背侧缘朝上，喉位于检验检疫员左侧，肺的底缘位于右侧。

A.气管剖检技术　左手持钩，向左侧钩住喉后方的环状软骨，用刀（或剪刀）纵剖气管（图4-2-91），然后用钩子和刀子向左右打开切口，观察气管黏膜有无异常。必要时可以横断气管。

B.肺脏剖检技术　剖检肺脏时，主要剖检病变部位，或沿着支气管在肺内的分布剖检。一般纵剖两肺的背侧缘，必要时可继续剖检肺的其他叶。

a.右肺背侧缘剖检技术：左手持钩，钩住左右支气管分叉处；右手握刀，沿着右肺背侧缘最高点，由尖叶纵切至膈叶末端，将肺脏上部切开，深度以2/3为宜（图4-2-92），打开切面观察有无异常（图4-2-93）。

b.左肺背侧缘剖检技术：左手持钩，钩住左右支气管分叉处；右手握刀，沿着左肺背侧缘最高点，由尖叶纵切至膈叶末端（图4-2-94），打开切面观察有无异常。

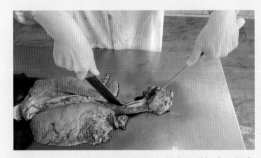
图4-2-91　钩住环状软骨，纵剖气管（示例）

图4-2-92　钩住支气管分叉处，纵剖右肺背侧缘最高点（示例）

图4-2-93　打开肺切面视检（示例）

图4-2-94　钩住支气管分叉处，纵剖左肺背侧
缘最高点（示例）

　　C.剖检肺的其他叶　按下列图示可以将肺剖检呈双K形，基本可以满足全面检查肺脏的目的（图4-2-95和图4-2-96）。

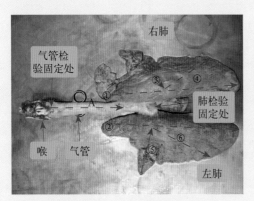

图4-2-95　猪肺剖检刀式
图中数字表示剖检顺序

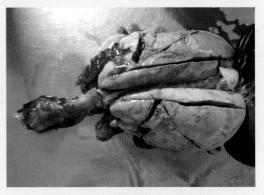

图4-2-96　肺脏剖检双K形刀法
图中数字表示剖检顺序

　　4.心脏检查

　　（1）猪心脏简介　猪心位于胸腔纵隔内，夹于两肺之间，稍偏左侧，相当于2~5肋骨之间。

　　心的上部叫心基，被大血管固定在胸椎之下；下部叫心尖，呈游离状。心的前缘较长，凸向前下方；心后缘短而直，朝向后上方（图4-2-97）。

　　心脏表面有一条环形的冠状沟和两条纵行沟。冠状沟为环绕心脏的环状沟，相当于心房和心室的外部分界线。前纵沟位于心左前方，自冠状沟向下，较长。后纵沟位于心右后方，自冠状沟向下至心尖，较短。前、后纵沟位于室间隔的外表面，相当于两心室的外部分界线（图4-2-98）。

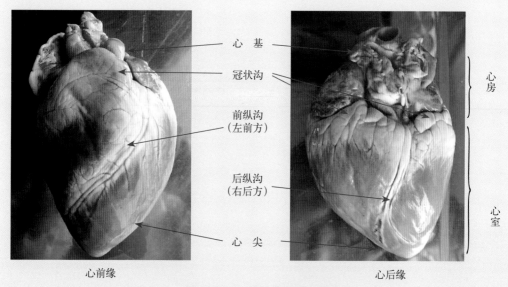

心基
冠状沟
前纵沟
（左前方）
后纵沟
（右后方）
心尖

心房

心室

心前缘

心后缘

图4-2-97　猪心脏前缘与后缘

后纵沟

左心室

室间隔

右心室

前纵沟

图4-2-98　猪心脏心腔与室间隔

　　心脏中的腔叫心腔，包括右心房、右心室、左心房、左心室四个腔（图4-2-99
和图4-2-100）。心间隔（包括房间隔和室间隔）是位于左右心房和左右心室之间的
心肌组织（图4-2-98）。

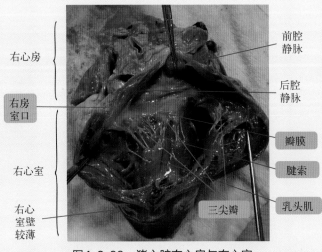

右心房

右房室口

右心室

右心室壁较薄

前腔静脉

后腔静脉

瓣膜

腱索

乳头肌

三尖瓣

图4-2-99　猪心脏右心房与右心室

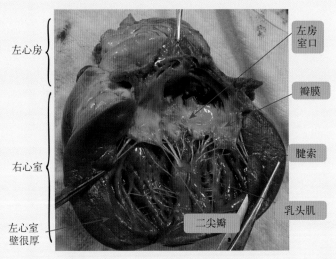

左心房

右心室

左心室壁很厚

左房室口

瓣膜

腱索

乳头肌

二尖瓣

图4-2-100　猪心脏左心房与左心室

　　右心室内有三片三角形的瓣膜，称为三尖瓣（图4-2-99）；左心室内有两片强大的三角形的瓣膜，称为二尖瓣（图4-2-100）。左心室的室壁很厚，是右心室壁的3倍（图4-2-99、（图4-2-100）。慢性猪丹毒时，二尖瓣上有灰白色菜花样血栓性增生物。

　　心包为包围心脏的浆膜囊，分脏层和壁层，其脏层紧贴心脏外表面，构成心外膜，脏层在心基部折转移行为心包壁层，脏层和壁层之间的腔隙，称为心包腔，内有少量心包液起润滑作用（图4-2-101）。心包壁层外面有强韧的纤维膜和心包胸膜固定心脏。

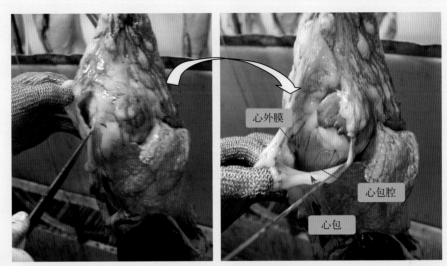

图4-2-101　心包结构

（2）心脏检查岗位设置　心脏检查岗位设在肺脏检查之后。

（3）心脏检查疫病控制

①恶性口蹄疫　心壁上有灰白色或黄白色的斑纹，即"虎斑心"。

②猪瘟　心外膜、冠状沟及前、后纵沟有出血点。

③非洲猪瘟　心内膜、心外膜、心耳有出血点，心包有淡黄色积液。

④慢性猪丹毒　二尖瓣上有灰白色菜花样血栓性增生物。

⑤猪链球菌病　心外膜有鲜红色出血斑点。

⑥猪肺疫　纤维蛋白包裹心外膜形成"绒毛心"，心包积液。

⑦副猪嗜血杆菌病　纤维蛋白形成"绒毛心"，同时还覆盖所有胸腹腔器官和关节面。"三腔积液"即心包腔积液、胸腔积液和关节腔积液。

⑧猪囊尾蚴　寄生于心肌。

⑨猪浆膜丝虫　寄生于心脏的前、后纵沟和冠状沟。

（4）心脏检查流程　视检心包→切开心包→检查心包腔和心外膜→纵剖左心房、左心室→检查心脏瓣膜和心内膜。

（5）心脏检查操作技术

①旋转心肝肺　肺脏检查后，心脏位于肺脏的后面，被肺脏遮挡（图4-2-102A）。检验检疫员要用刀背由左向右拨动左肺，同时用钩子辅助，逆时针向右旋转180°（图4-2-102B），使其肺脏的腹面及心脏的前缘和前纵沟面对检验检疫员（图4-2-102C）。

图4-2-102　心脏检查前调整位置

A.检查肺脏时的位置　B.钩子未动，刀子移到肺左侧，逆时针方向拨转　C.旋转后心脏面对检验检疫员，
钩子钩住左纵沟，进行心脏的检查

②视检心包和心外膜

A.视检心包　观察心包外表面（即心包胸膜）有无异常（图4-2-103）。

B.纵切心包　用检验钩钩住心脏，纵行切开心包，检查有无积液和粘连（图4-2-104）。

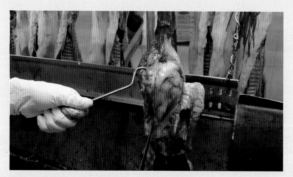

图4-2-103　固定心脏：检验钩固定心脏，观察心包　　　图4-2-104　纵切心包：观察心包内有
无积液或粘连

C.视检心外膜　观察心外膜、冠状沟及前、后纵沟有无出血点，心外膜有无"虎斑心"或"绒毛心"等异常。

③纵剖左心房和左心室，视检心腔、二尖瓣和心内膜　用检验钩垂直下钩，钩住前纵沟上方；右手握刀，于心脏前缘，前纵沟左侧（即检验检疫员的右侧）1.5cm处，由心房至心尖纵剖心脏（图4-2-105）。然后，用检验刀的刀背按住右侧切面，左、右手分别同时向左侧和右侧外展，打开切面，暴露心腔（图4-2-106），观察二尖瓣有无菜花样增生物、心肌有无"虎斑心"、出血点等异常。

图4-2-105　纵剖心脏：固定前纵沟，纵剖左心
房和左心室

图4-2-106　打开左心房和左心室，观察有
无异常

注意事项：

检验钩固定心脏时，不能钩住心房壁或右心室壁，由于其壁较薄容易钩破。检
验钩要从前纵沟处下钩，钩住下方肥大的室间隔。

纵剖心脏时，不能仅剖开左心室，要将左心房和左心室同时剖开，这样才能完
整地观察左房室口和二尖瓣。

纵剖左心房和左心室时，要避免进刀过深剖开心间隔，破坏病变面完整性。

④剖检心脏其他部位（必要时）　慢性猪丹毒时血栓性增生物主要发生于二尖
瓣，其次是主动脉瓣、三尖瓣和肺动脉瓣。当发现二尖瓣有可疑增生物时，可按上
述顺序依次剖检，以便综合判断疾病。

检查慢性猪丹毒心脏血栓性增生物时的剖检顺序：二尖瓣→主动脉瓣→三尖瓣
肺→动脉瓣。

A. 二尖瓣检查及剖检技术（第一刀）　检
验检疫员可以用钩子固定心脏，也可以带乳胶
手套用手固定心脏。

左手坏握心脏，心尖朝向检验检疫员，心
前缘朝上。右手握刀，于心脏前纵沟的左侧
（即检验检疫员的右侧）1.5cm处，由左心房
至心尖全部剖开（图4-2-107），打开心腔，
暴露左心房、左心室、左房室口和二尖瓣，观
察有无异常（图4-2-108）。

B. 主动脉瓣检查及剖检技术（第二

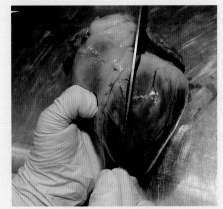

图4-2-107　平行于前纵沟纵切左心房、
左心室

刀）　在左心室内，将主动脉口的瓣膜（二尖瓣中最大的那个）剖开或剪开（图4-2-109），向上剖开主动脉壁，并暴露主动脉口和主动脉瓣，观察有无异常（图4-2-110和图4-2-111）。

C.三尖瓣检查及剖检技术（第三刀）　将心脏的后缘朝上，于心脏后纵沟的右侧（即检验检疫员的右侧）3~4cm处，由右心房至右心室底部全部剖开（图4-2-112），行刀深度要小于1cm，暴露右心房、右心室、右房室口、三尖瓣和前、后腔静脉，观察有无异常（图4-2-113）。

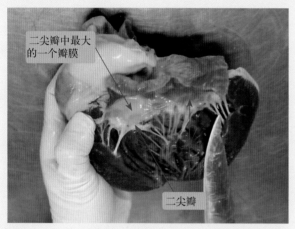

二尖瓣中最大的一个瓣膜

二尖瓣

图4-2-108　打开左心房和左心室，观察二尖瓣及心室壁有无异常

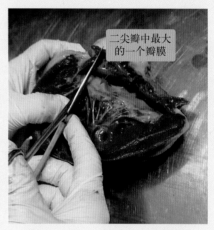

二尖瓣中最大的一个瓣膜

图4-2-109　剪开主动脉口的瓣膜

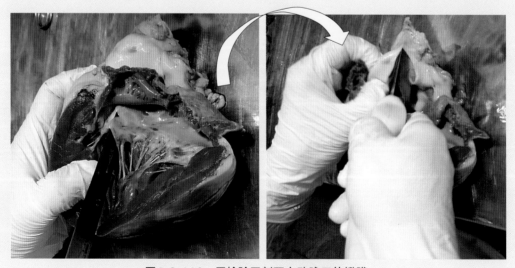

图4-2-110　用检验刀剖开主动脉口的瓣膜

刀刃朝上，插入主动脉口内，向前推行，此时不要向上挑切，防止伤人。切开主动脉管壁，暴露主动脉瓣

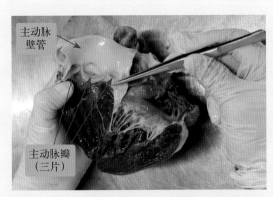

主动脉壁管

主动脉瓣（三片）

图4-2-111　打开主动脉口，观察主动脉瓣有无异常

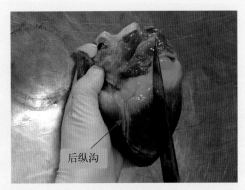

后纵沟

图4-2-112　平行于后纵沟纵切右心房、右心室

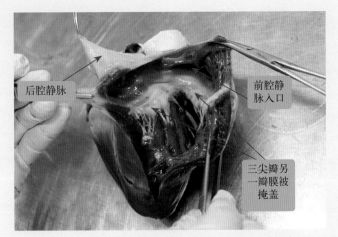

后腔静脉

前腔静脉入口

三尖瓣另一瓣膜被掩盖

图4-2-113　打开右心房和右心室，观察三尖瓣及心室壁有无异常

D.肺动脉瓣检查及剖检技术（第四刀）　右心室内，沿右心室左上方的动脉圆锥（即检验检疫员的右侧）向上切开或剪开肺动脉口；或沿前纵沟的左侧1cm处将其剖开（图4-2-114），暴露肺动脉口和肺动脉瓣（图4-2-115），观察有无异常。

5.肝脏检查

（1）猪肝脏简介　肝脏是体内最大的腺体。猪肝红褐色，位于腹前部，偏右侧。肝的壁面凸，朝前，与膈及腹腔侧壁接触；肝的脏面凹，朝后，与胃及十二指肠相连。猪肝分为六叶：左外叶、左内叶、右内叶、右外叶、方叶和尾状叶。肝的脏面有肝门，肝门腹侧有方叶，背侧有尾状叶，后腔静脉从尾状叶穿过（图4-2-116和图4-2-117）。

胆囊位于右内叶脏面的胆囊窝内，胆囊管在肝门深处与肝脏发出的肝管汇合成胆管，开口于十二指肠。肝门附近有肝淋巴结（又叫肝门淋巴结）（图4-2-117）。

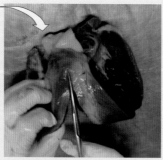

图4-2-114　剪开肺动脉口

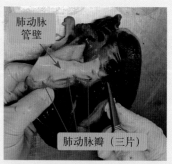

图4-2-115　打开肺动脉口，观察
肺动脉瓣有无异常

图4-2-116　猪肝壁面（朝前）

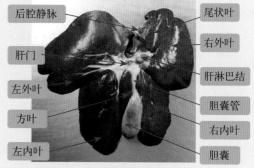

图4-2-117　猪肝脏面（朝后）

（2）肝脏检查岗位设置　肝脏检验岗位设在心脏检查之后进行。

（3）肝脏检查疫病控制

①猪瘟　肝门淋巴结肿大、被膜有出血点，切面呈红白相间的"大理石"状。

②非洲猪瘟　肝肿大，表面有出血点，肝门淋巴结肿大、出血。胆囊出血。

③高致病性猪蓝耳病　肝肿大，暗红或土黄色，质脆，胆囊扩张，胆汁黏稠。

④猪副伤寒　肝肿大、淤血、点状出血，表面和切面有副伤寒结节。慢性副伤寒、肝门淋巴结明显肿大，切面呈灰白色脑髓样结构。

⑤猪Ⅱ型链球　肝脏肿大，暗红色，边缘钝圆，质硬，有纤维素附着。肝淋巴结肿大、出血，切面可见小脓灶。

⑥副猪嗜血杆菌病　肝脏表面有纤维蛋白薄膜附着。肝淋巴结肿大明显。

（4）肝脏检查流程　视检肝脏→触检肝脏→剖检肝淋巴结→剖检胆囊和胆囊管（必要时）。

（5）肝脏检查操作技术

①视检肝脏　观察肝脏的壁面和脏面，注意其形状、大小和色泽有何异常。

②触检肝脏　用钩子顶住肝的脏面（凹面），用刀背由上向下轻刮并按压肝脏壁

面（图4-2-118），刮掉表面血污，并触检肝的弹性和质地变化，检查有无淤血、肿胀、变性、黄染、坏死、硬化、肿物、结节、纤维素性渗出物、寄生虫等病变。

③肝淋巴结检查操作技术

A.暴露肝门　在吊挂心肝肺上检查肝淋巴结时，由于肝脏上方被较窄的冠状韧带悬吊，肝的左外叶与右外叶向内垂吊将肝门包裹，检验检疫员看不到肝门（图4-2-119）。触检肝脏之后，要用刀背顶住肝的壁面，使左外叶与右外叶外翻，暴露肝门（图4-2-120）。

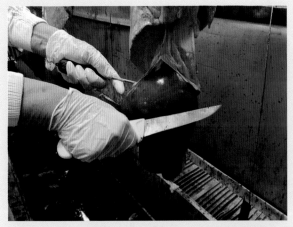

图4-2-118　触检：用刀背轻刮，并按压肝的壁面

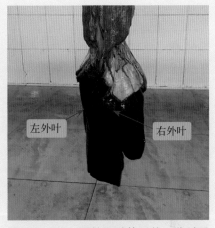

图4-2-119　吊挂肝脏的形状，此时看不见肝门

B.固定肝脏　肝门暴露后，左手持钩，钩住肝门处的白色结缔组织，固定肝脏（图4-2-120）。

C.剖检肝门淋巴结　右手持刀，纵剖肝门淋巴结（图4-2-121，图4-2-122），观察淋巴结有无出血、淤血、肿胀、坏死、切面呈"大理石"状或灰白色脑髓样异常。

没有同步检验检疫设备的企业，可以将肝脏放到检验台进行检查（图4-2-122至图4-2-124）。

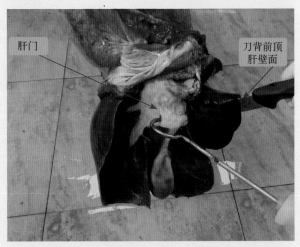

图4-2-120　用刀背顶住肝壁面，使左外叶与右外叶外翻，暴露肝门，检验钩固定肝门

图4-2-121 纵剖肝淋巴结

图4-2-122 检验台检查肝脏

④胆囊、胆囊管检验操作技术（必要时） 观察胆囊和胆囊管，如见胆囊管粗大隆起，怀疑有寄生虫感染。肝脏异常的，应将肝脏移到检验台进行剖检，以免污染生产线。

胆囊管粗大的，应在胆囊上方以"横刀、浅刀、斜刀"横断胆囊管（图4-2-123），然后用刀的背面由胆囊向切口方向挤压胆囊和胆囊管（图4-2-124），检查有无肝片吸虫等逸出。胆囊管未见异常的可以不剖检。必要时剖检胆囊。

图4-2-123 发现胆囊管粗大时，横断胆囊管

图4-2-124 刀背向上挤压胆囊和胆囊管，观察有无寄生虫逸出

横断胆囊管的刀法说明： 横断胆囊管的刀法是"横刀、浅刀、斜刀"。"横刀"是横切胆囊管；"浅刀"是指下刀要浅，不能将肝脏割透，割断胆囊管即可；"斜刀"是要将刀倾斜，刀背朝后，刀刃向前下方倾斜，将胆囊管横切为一斜口，便于观察（图4-2-123）。

四、寄生虫检查

《生猪屠宰检疫规程》的规定生猪宰后要检查猪囊尾蚴病、旋毛虫病和丝虫病。

（一）丝虫病检查

1.猪浆膜丝虫检查

（1）检查岗位设置 与心脏检查同时进行。

（2）检查部位　心脏，必要时检查肝脏、膈肌、子宫等器官的浆膜。

（3）检查操作技术　视检心脏的左心部及前、后纵沟和冠状沟部位有无芝麻粒大小灰白色隆起的条索状乳斑，或砂粒状的钙化结节。必要时，检查肝脏、胆囊、膈肌、子宫浆膜有无浆膜丝虫寄生。

2.猪肺线虫（肺丝虫）检查

（1）检查岗位设置　与肺脏检查同时进行。

（2）检查部位　肺脏。

（3）检查操作技术　观察肺表面有无灰白色隆起的肺气肿区，切开肺气肿区，可见小支气管和细支气管内塞满肺线虫；也可用刀平切肺气肿区的表面，用镊子或手指试夹切口表面，可拉出许多肺线虫（见第二章）。

（二）猪囊尾蚴检查

《生猪屠宰检疫规程》规定，生猪宰后要剖检咬肌、腰肌和心肌，检查有无猪囊尾蚴。

猪囊尾蚴主要寄生于咬肌、舌肌、腰肌、膈脚和心肌等。

宰后检查实践中，除了检疫规程规定的必检部位外，如果检查咬肌时发现可疑囊虫，可随即检查翼肌以便综合诊断。

1.检查部位与岗位设置

（1）咬肌检查岗位　设在下颌淋巴结检查之后，割头之后或割头之前。

（2）腰肌检查岗位　设在胴体肌肉检查岗位。

（3）心肌检查岗位　设在心脏检查岗位。

必要时可检查肩胛骨外侧的肌肉、股骨内侧的肌肉和臀部肌肉等。

2.检查方法　见本节"咬肌检查和腰肌检查"。

（三）猪旋毛虫检查

《生猪屠宰检疫规程》规定旋毛虫检查"取左、右膈脚各30g左右，与胴体编号一致，撕去肌膜，感官检查后镜检"。

1.旋毛虫检查流程　取左、右膈脚，贴编号，放入盘中，送寄生虫检验室→剪撕肌外膜→肉眼视检膈脚表面→纵剖膈脚肌腹→撕开肌腹拉紧，视检膈脚剖面→剪肉样→玻片涂抹肉样→玻片压紧肉样→显微镜检查旋毛虫（同时还可以检查住肉孢子虫和猪囊虫）。

2.旋毛虫检查方法与操作技术

（1）左、右膈脚样品制备　取猪左、右膈脚各30g（长8～10cm）（见本节"三、内脏检查"，编号后，送检验室检查（图4-2-125和图4-2-126）。

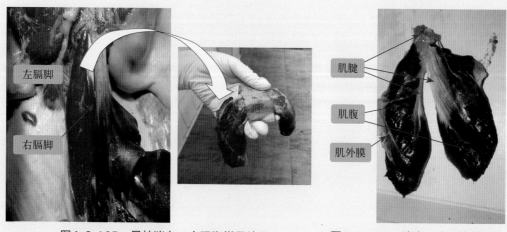

图4-2-125　吊挂猪左、右膈脚样品编号　　　　图4-2-126　猪左、右膈脚的结构

（2）肉眼检查法

①肉眼观察膈脚表面　用剪刀纵行剪开膈脚的肌外膜，用手拉住肌外膜的断端将其撕下（图4-2-127），两手纵向拉紧肌纤维，肉眼观察肌纤维间有无针尖大小的露滴状、半透明、乳白色或灰白色的旋毛虫包囊（图4-2-128）。

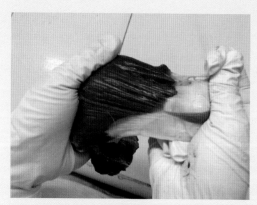

图4-2-127　剪开并撕掉肌外膜

图4-2-128　拉紧肌纤维，观察有无针尖大小的旋毛虫包囊

②肉眼观察膈脚剖面　将左、右膈脚分别放在左手掌心处，肌腱面朝下贴于掌心，肌腹朝上，用剪刀从每个膈脚的肌腹中央，分别纵向剖为左、右2片，两个膈脚共剖成4片（图4-2-129）。

双手握住剪开的两片肌肉的断端将其完全撕开至肌腱部，并拉紧肌肉，肉眼观察肌纤维间有无乳白色或灰白色针尖大小的旋毛虫包囊（图4-2-130）。

（3）显微镜检查法

①取样压片　用剪刀在上述已剪开的4片膈脚剖面的不同部位，沿肌纤维方向各

图4-2-129 纵剖膈脚

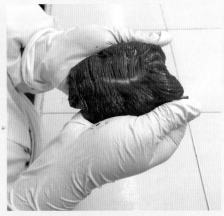

图4-2-130 拉紧肌肉断端，观察肌纤维间
有无针尖大小的旋毛虫包囊

剪取米粒大的6粒薄片肉样，共24粒。

取样压片操作技术 右手握剪刀，掌心朝下，用剪刀的刀刃中部在每片肌肉上的不同部位连续剪6粒肉样（图4-2-131）。然后右手向右翻转使掌心朝上，将剪刀口充分打开，将肉样分散涂抹在载玻片上（图4-2-132）；按相同方法继续操作下一片肌肉，将左右膈脚的24块肉粒分两列分散涂抹在载玻片上（图4-2-133），然后将盖玻片盖在载玻片上，压紧或拧紧螺丝（图4-2-134），置于40~60倍显微镜下观察（图4-2-135）。

  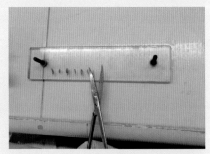

图4-2-131 每片肌肉上剪6粒肉样，4片肌肉共剪24粒

图4-2-132 右手掌心朝上，将肉样分散涂抹在载玻片上

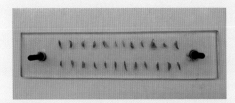 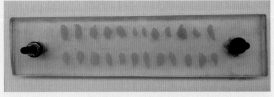

图4-2-133 24粒肉样在载玻片上涂成两排

图4-2-134 将盖玻片盖在载玻片上，拧紧螺丝压紧

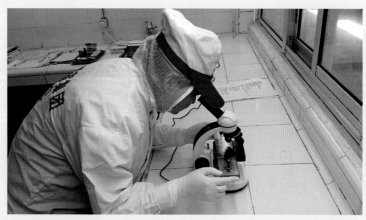

图4-2-135　显微镜下（40～60倍）观察有无旋毛虫包囊

　　取样后的膈脚，放到另一盘中备查，注意整个操作中编号不要脱落。

　　②显微镜检查　显微镜下按排列顺序观察。新鲜标本光镜下包囊呈椭圆形或梭形，内有卷曲的虫体1条或数条，或可见钙化的包囊（图4-2-136和图4-2-137）。不新鲜标本光镜下模糊，可用美蓝溶液（0.5mL饱和美蓝酒精溶液）染色，肌纤维呈淡蓝色，包囊呈蓝色或淡蓝色，虫体不着色。对钙化包囊镜检前，加数滴5%～10%盐酸溶液或5%冰醋酸溶解，2h后镜检，肌纤维呈淡灰色，包囊膨胀清晰。

图4-2-136　新鲜标本压片,可见肌肉内的梭形包囊,内有卷曲的幼虫,×60
（潘耀谦，2017）

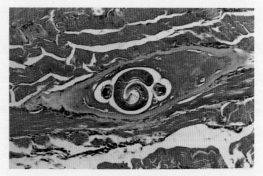

图4-2-137　虫体在肌纤维内卷曲成梭形包囊，HE×100
（潘耀谦，2017）

五、胴体检查

（一）胴体和二分体简介

　　胴体是指猪屠宰放血、去毛、去皮（或未去皮），去头蹄尾，去内脏后（包括未摘除和已摘除肾脏）的躯体。主要包括：躯干骨、四肢骨（腕关节、跗关节以上部分）及其肌肉，以及体腔（胸腔、腹腔、骨盆腔）壁等结构（图4-2-138）。

二分胴体又叫片猪肉或白条，是沿脊柱正中线，将猪胴体劈成的两半胴体（图4-2-139、图4-2-140）。

图4-2-138 猪胴体

图4-2-139 猪二分胴体，又叫片猪肉或白条

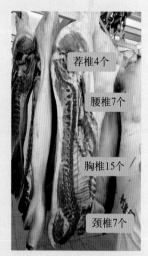

荐椎4个

腰椎7个

胸椎15个

颈椎7个

图4-2-140 二分胴体脊柱
结构

（二）胴体检查岗位设置

胴体检查设在内脏摘除和内脏检查以后、劈半之前或之后进行。

（三）胴体检查流程

胴体检查流程：胴体整体观察→胴体淋巴结检查→腰肌检查→肾脏检查→白肌肉、白肌病检查。

在检查实践中，腹股沟浅淋巴结、髂下淋巴结、腹股沟深淋巴结、髂内淋巴结与腰肌和肾脏的检查是左右交替进行的。一般是先检查左侧的腹股沟浅淋巴结、髂下淋巴结、腹股沟深淋巴结、髂内淋巴结、腰肌和肾脏；然后再检查右侧的腹股沟浅淋巴结、髂下淋巴结、腹股沟深淋巴结、髂内淋巴结、腰肌和肾脏。

其顺序分别为：左浅→左下→左深→左内→左腰→左肾；

　　　　　　　　右浅→右下→右深→右内→右腰→右肾。

（四）胴体整体检查

整体观察胴体皮肤、皮下组织、脂肪、肌肉、骨骼及胸、腹腔浆膜等有无淤血、出血、疹块、黄染、脓肿和其他异常等。

（五）胴体淋巴结检查

《生猪屠宰检疫规程》和《生猪屠宰产品品质检验规程》规定，猪宰后检查腹股沟浅淋巴结，必要时剖检腹股沟深淋巴结、髂下淋巴结及髂内淋巴结。

1.猪腹壁、骨盆壁淋巴结简介

（1）腹股沟浅淋巴结　长6~10cm，左右各有一群。母畜又叫乳房淋巴结，公畜又叫阴囊淋巴结。无论公、母猪，该淋巴结在体内的位置基本相同。

①位置

A.带皮猪：位于倒数第1个乳头深面的皮肤与腹壁肌之间的脂肪层中（图4-2-141、图4-2-142、图4-2-148和图4-2-149）。

B.剥皮猪：位于骨盆腔前口腹侧缘平位处的皮肤与腹壁肌之间的脂肪层中（图4-2-150和图4-2-151）。

检查实践：检查吊挂带皮猪时可以通过第1个乳头定位；剥皮猪没有乳头，检查时我们可以通过肉眼在骨盆腔前口腹侧缘平位处划一条平行线，腹股沟浅淋巴结位于与此线相交的腹壁脂肪层中（图4-2-142、图4-2-151、图4-2-152）。

②输入管　来自腹下壁、大小腿内侧、乳房、阴茎、阴囊和外生殖器等。

③输出管　走向髂内淋巴结。

（2）髂内淋巴结

①位置　位于腹主动脉末端与旋髂深动脉起始部夹角中，最后腰椎与第一荐椎结合部的两侧，骨盆腔前口背侧缘平位处下方，与骨盆腔左右边缘垂直线相交处，左右各有一大群，为身体后半部两大淋巴汇集的枢纽，也是左右两条腰淋巴干的起始部

（图4-2-141至图4-2-143）。

检查实践：未劈半猪髂内淋巴结位于骨盆腔前口两侧。检验吊挂劈半猪髂内淋巴结时，通过肉眼在骨盆腔前口背侧缘平位处划一条平行线，髂内淋巴结位于此平

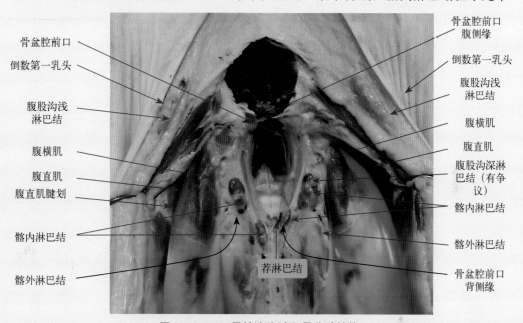

图4-2-141　吊挂猪腹壁和骨盆壁结构

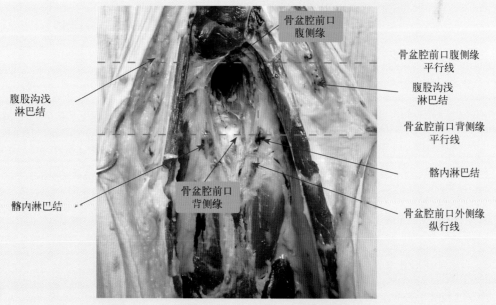

图4-2-142　髂内淋巴结和腹股沟浅淋巴结检查定位

腹股沟浅淋巴结检验定位：倒数第一乳头深面或骨盆腔前口腹侧缘平行线上；髂内淋巴结检验定位：骨盆腔前口背侧缘两侧或前口背侧缘平行线上

行线（或下方）与骨盆腔前口外侧缘纵行线的交点上（图4-2-142、图4-2-155、图4-2-156）。

②输入管　来自猪整个后半躯体的淋巴，包括腰荐部、尾部、腹壁后半部、后肢等，同时输入管还直接或间接来自肠系膜后淋巴结、荐淋巴结、髂外淋巴结、髂下淋巴结、腹股沟浅淋巴结、腹股沟深淋巴结、肛门直肠淋巴结、坐骨淋巴结、腘淋巴结等。

③输出管　形成腰淋巴干，向前注入乳糜池。

髂内淋巴结收集淋巴范围最广，是整个猪后半躯淋巴总汇，通过剖检此淋巴结可以间接了解猪整个后半驱的健康情况，而且易寻找、易剖检。

（3）腹股沟深淋巴结

①位置　腹股沟深淋巴结位于髂外动脉与旋髂深动脉起始部夹角中（图4-2-143），骨盆腔前口两侧（图4-2-141）。

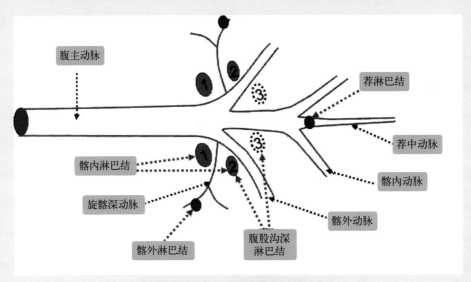

图4-2-143　猪骨盆壁淋巴结示意

说明：有学者认为图中的1和2都是髂内淋巴结；也有学者认为2是腹股沟深淋巴结；2的淋巴结位置不固定，有时会移动到3的位置，有时缺无，有时会与1合二为一

②猪腹股沟深淋巴结的说明　猪是否有腹股沟深淋巴结以及该淋巴结在猪体内的具体位置，国内外学术界一直有争议。有人认为马属动物有腹股沟深淋巴结，位于股管上部，在耻骨肌与缝匠肌之间，而猪、牛没有此淋巴结。也有人认为猪、牛有此淋巴结，猪的位于旋髂深动脉前方的是髂内淋巴结，位于旋髂深动脉后方的是腹股沟深淋巴结。还有人认为，旋髂深动脉前、后方的这两个淋巴结都属于髂内淋巴结的一组。在检查实践中发现，旋髂深动脉后方的淋巴结位置不固定或有时缺无，或有时两者合二为一。

结论：猪旋髂深动脉前、后方的这两个淋巴结无论是都属于髂内淋巴结，还是一个是髂内淋巴结，另一个是腹股沟深淋巴结，对于宰后检查都是十分重要的，因为它们几乎收集了猪整个后半躯体的淋巴（髂内淋巴结），而且都位于骨盆腔前口，易寻找、易检查，所以应成为猪宰后必检淋巴结。

③腹股沟深淋巴结的检查实践　在实际检查中，一般是将旋髂深动脉前后两个淋巴结（髂内淋巴结和腹股沟深淋巴结）一起检查，即一刀纵剖两个淋巴结，先剖检位于吊挂猪上方的腹股沟深淋巴结，再顺势向下剖检髂内淋巴结，观察有无异常。如缺少腹股沟深淋巴结时，只剖检髂内淋巴结。

（4）髂下淋巴结　髂下淋巴结又叫股前淋巴结或膝上淋巴结。

①位置　活体猪髂下淋巴结位于髋结节和膝关节之间，股阔筋膜张肌前缘中点，腹侧壁皮下（图4-2-144至图4-2-147、图4-2-159、图4-2-162）。吊挂猪髂下淋巴结位于骨盆腔前口中央平位处两侧，距离骨盆腔前口边缘6~8cm处的深面（图4-2-159至图4-2-162）。

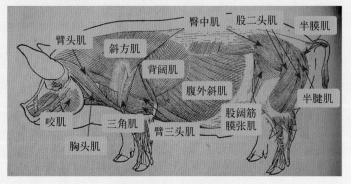

图4-2-144　猪浅层肌
（内蒙古农学院等《家畜解剖学》）

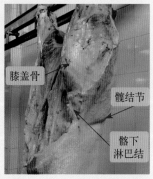

图4-2-145　吊挂猪髂下淋巴结，位于髋结节与膝关节连线中点前缘

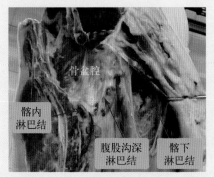

图4-2-146　吊挂猪髂下淋巴结，位于骨盆腔前口中央平位处两侧的深部

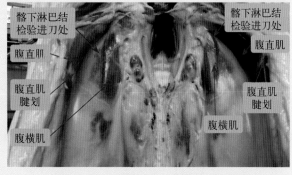

图4-2-147　髂下淋巴结检查进刀定位

②输入管　来自胸后侧壁、腹侧壁、腰荐部、股部和小腿部皮肤、皮下组织。

③输出管　走向髂内淋巴结。

2.胴体淋巴结检查岗位设置　胴体淋巴结检查岗位，可设在内脏检查之后、劈半之前或之后。

3.胴体淋巴结检查疫病控制

（1）猪瘟　全身淋巴结肿大、出血，切面"大理石"状，尤其下颌淋巴结、腹股沟浅淋巴结、髂内淋巴结等变化明显。

（2）高致病性猪蓝耳病　全身淋巴结肿大，呈灰白色，切面外翻。

（3）急性猪丹毒　全身淋巴结肿大，呈紫红色，切面隆突多汁、斑点状出血。

（4）副猪嗜血杆菌病　全身淋巴结肿大，切面灰白色。

4.胴体淋巴结检查操作技术

（1）腹股沟浅淋巴结检查操作技术

①带皮未劈半猪腹股沟浅淋巴结检查操作技术

A.带皮未劈半猪左侧腹股沟浅淋巴结检查操作技术　左手持钩，钩住猪左侧最后乳头下方的皮下组织，向左外侧下方拉紧，右手持刀在最后乳头上方6cm处的脂肪层中进刀，由上向下平行于皮肤方向切开脂肪组织，即可见到左侧腹股沟浅淋巴结（图4-2-148），将其纵剖，观察有无异常。

B.带皮未劈半猪右侧腹股沟浅淋巴结检查操作技术　左手持钩，反架（掌心朝上）向右外侧钩住猪右侧最后乳头下方的皮下组织，并向右外侧拉紧，右手持刀位于左手下方，在右侧最后乳头上方6cm处的脂肪层中由上向下平行于皮肤方向切开脂肪组织，即可见到右侧腹股沟浅淋巴结（图4-2-149），将其纵切，观察有无异常。

②剥皮劈半猪腹股沟浅淋巴结检查操作技术

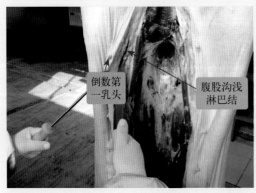

图4-2-148　带皮未劈半猪左侧腹股沟浅淋巴结检查技术

图4-2-149　带皮未劈半猪右侧腹股沟浅淋巴结检查技术

A. 剥皮劈半猪左侧腹股沟浅淋巴结检查操作技术 剥皮猪没有乳头，检查时肉眼可以在骨盆腔前口腹侧缘平位处划一条平行线，腹股沟浅淋巴结就位于与此线相交的腹壁脂肪层中（图4-2-150），将其纵剖，观察有无异常。

注意：由于剥皮猪没有皮肤的牵拉，腹股沟浅淋巴结的位置可能会下移，移到平行线以下，这要视剥皮时对皮肤和周围组织的损伤情况而定。

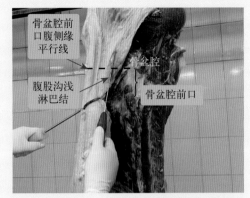

图4-2-150 剥皮劈半猪左侧腹股沟浅淋巴结检查技术

B. 剥皮劈半猪右侧腹股沟浅淋巴结检查操作技术 左手持钩反架钩住猪右侧最后乳头下方的皮下组织，肉眼在骨盆腔前口腹侧缘平位处划一条平行线，腹股沟浅淋巴结位于与此线相交的腹壁脂肪层中（图4-2-151），右手持刀将其纵剖，观察有无异常。

（2）髂内淋巴结和腹股沟深淋巴结检查操作技术

①未劈半猪髂内淋巴结和腹股沟深淋巴结检查操作技术

A. 未劈半猪左侧髂内淋巴结、腹股沟深淋巴结检查操作技术 左手持钩，钩住猪左侧最后乳头附近的组织，向左外侧拉紧，右手持刀，由上向下纵剖位于骨盆腔前口左侧的腹股沟深淋巴结和髂内淋巴结，观察有无异常（图4-2-152）。

B. 未劈半猪右侧髂内淋巴结和腹股沟深淋巴结检查操作技术 左手持钩，反架向右外侧钩住猪右侧最后乳头附近的组织，并向右外侧拉紧，右手持刀位于左手下方，由上向下纵剖位于骨盆腔前口右侧的腹股沟深淋巴结和髂内淋巴结，观察有无

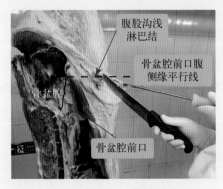

图4-2-151 剥皮劈半猪右侧腹股沟浅淋巴结检查技术

图4-2-152 未劈半带皮猪左侧髂内淋巴结和腹股沟深淋巴结检查技术

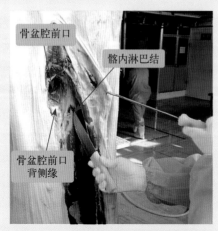

图4-2-153 未劈半带皮猪右侧髂内淋巴结和腹股沟深淋巴结检查操作技术

异常（图4-2-153）。

②劈半猪髂内淋巴结和腹股沟深淋巴结检查操作技术

A.劈半猪左侧髂内淋巴结、腹股沟深淋巴结检查操作技术　检查劈半的二分体胴体时，由于劈半后骨盆腔一分为二，此时髂内淋巴结要以腰椎和荐椎来定位，髂内淋巴结位于最后腰椎与第一荐椎结合部的腹侧，或骨盆腔前口背侧缘平位处下方（吊挂猪），腹股沟深淋巴结位于骨盆腔前口下侧，纵剖腹股沟深淋巴结和髂内淋巴结，观察有无异常（图4-2-154）。

B.劈半猪右侧髂内淋巴结、腹股沟深淋巴结检查操作技术　右髂内淋巴结位于最后腰椎与第一荐椎结合部的腹侧，或骨盆腔前口背侧缘平位处下方（吊挂猪），腹股沟深淋巴结位于骨盆腔前口下侧，纵剖腹股沟深淋巴结和髂内淋巴结，观察有无异常（图4-2-155）。

（3）髂下淋巴结检查操作技术　检查髂下淋巴结可以在腹壁内侧的腹腔内进行，适用于带皮猪与剥皮猪；也可以在腹壁外侧进行，只适用于剥皮猪。

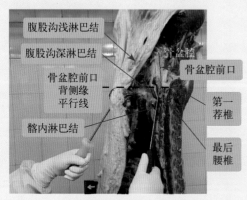

图4-2-154 劈半剥皮猪左侧髂内淋巴结和腹股沟深淋巴结检查技术

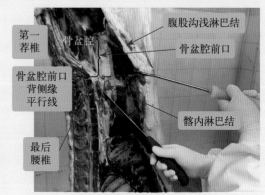

图4-2-155 劈半剥皮猪右侧髂内淋巴结和腹股沟深淋巴结检查技术

①髂下淋巴结腹壁内侧剖检技术

A.左侧髂下淋巴结腹壁内侧剖检技术　左手持钩，钩住左侧腹壁；右手握刀，于腹壁内侧，在腹直肌与腹横肌顶端（吊挂猪）相交处进刀（图4-2-156和图4-2-157），向下切开10cm，将股部肌肉前方的髂下淋巴结纵剖（图4-2-158），观察有无异常。

B.右侧髂下淋巴结腹壁内侧剖检技术　左手持钩，反架钩住右侧腹壁；右手握刀（位于左手下方），于腹壁内侧，在腹直肌与腹横肌顶端（吊挂猪）相交处进刀（图4-2-159和图4-2-160），向下切开10cm，将股部肌肉前方的髂下淋巴结纵剖（图4-2-161），观察有无异常。

②剥皮猪髂下淋巴结腹壁外侧剖检技术

A.剥皮猪左侧髂下淋巴结腹壁外侧检查操作技术　左手持钩，钩住左侧躯体的外缘；右手握刀，在腹壁外侧，于骨

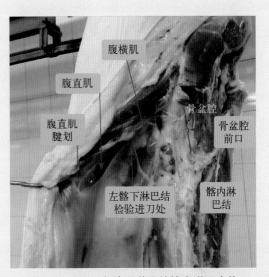

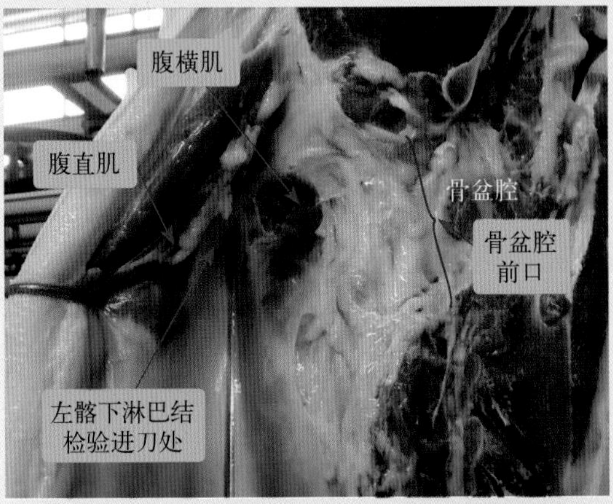

图4-2-156　左髂下淋巴结检查进刀定位

图4-2-157　左髂下淋巴结检查进刀处定位

图4-2-158　左髂下淋巴结检查

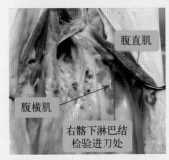

图4-2-159　右髂下淋巴结检查进刀定位

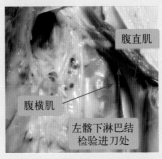

图4-2-160　右髂下淋巴结检查进刀定位

图4-2-161　右髂下淋巴结检查

盆腔前口背侧缘的水平线与左侧躯体中心纵行线（脊柱骨与左侧躯体外缘之间的中线）相交处进刀（图4-2-162），向下切开10cm，将股部肌肉前方的髂下淋巴结纵剖（图4-2-163），观察有无异常。

B.剥皮猪右侧髂下淋巴结腹壁外侧检查操作技术　左手持钩，反架钩住右侧躯体的外缘；右手握刀（位于左手下方），在腹壁外侧，于骨盆腔前口背侧缘的水平线与右侧躯体中心纵行线（脊柱骨与左侧躯体外缘之间的中线）的相交处进刀（图4-2-164），向下切开10cm，将股部肌肉前方的髂下淋巴结纵剖（图4-2-165），观察有无异常。

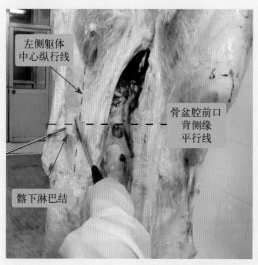

图4-2-162　剥皮猪左侧髂下淋巴结腹壁外侧
　　　　　　检查定位

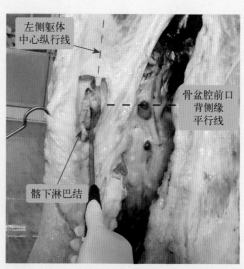

图4-2-163　剥皮猪左侧髂下淋巴结腹壁外侧
　　　　　　检查

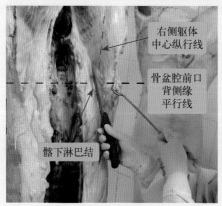

图4-2-164　剥皮猪右侧髂下淋巴结腹壁
　　　　　　外侧检查定位

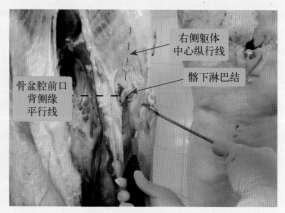

图4-2-165　剥皮猪右侧髂下淋巴结腹壁外侧检查

（六）腰肌检查

《生猪屠宰检疫规程》规定生猪宰后检查腰肌时"沿荐椎与腰椎结合部两侧肌纤维方向切开10cm左右切口，检查有无猪囊尾蚴"。

1. 猪腰肌简介　腰肌包括腰小肌和腰大肌。腰小肌：狭而长，位于腰椎腹侧面、椎体两旁。腰大肌：位于腰椎横突腹侧面，腰小肌的外侧，是腰椎腹侧最大的肌肉（图4-2-166）。腰大肌向后与其后部两侧的髂肌组成髂腰肌。

2. 腰肌检查岗位设置　腰肌检查岗位设在胴体淋巴结检查之后。

3. 腰肌检查疫病控制

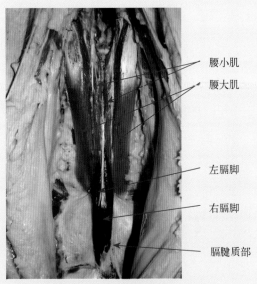

腰小肌
腰大肌
左膈脚
右膈脚
膈腱质部

图4-2-166　吊挂猪腰肌和膈脚

（1）猪囊尾蚴　寄生于肌肉内，为椭圆形半透明囊泡，平均有黄豆粒大小。

（2）白肌病与白肌肉　肌肉苍白，呈白色条纹状，或切面干燥似鱼肉样；或切面多汁，如"水煮"样或"烂肉"样，肌纤维容易被拉下。

4. 腰肌检查操作技术

（1）腰肌检查操作技术概述　实际操作中将腰肌切开10cm，很难打开切口，不易观察切面有无异常。在检查实践中常采用如下解决方案：

①做白条的胴体腰肌检查时，将腰肌纵剖10cm，然后尽量打开切口，并仔细观察切面有无异常。

②做分割肉的胴体腰肌检查时，要将腰肌完全剖离腰椎（20～30cm）。因为分割肉加工取腰肌（里脊肉）时，要将腰肌从上到下完全剖离腰椎取下，所以检查腰肌时，即使只剖检了10cm，分割加工时还要将腰肌完全从腰椎上剖离下来。因此，做分割肉的胴体腰肌检查时，要将腰肌完全剖离腰椎，这样不但可以"两刀合一刀"，减少了不必要的二次过度切割，还由于剖开的切面较大便于检验检疫员观察。

③发现疑似寄生虫感染时，无论是做白条或做分割肉的胴体都应将腰肌从上到下完全剖离腰椎进行检查，必要时还应在腰肌切面上再平行纵切2～3刀，扩大创面，观察切面上有无囊尾蚴寄生或钙化灶。

（2）左侧腰肌检查操作技术　左手持钩，钩住腰肌平位处的左侧腹壁，向左外侧下方拉紧；右手握刀于荐椎与腰椎结合部下刀（图4-2-167），紧贴腰椎椎体向下运刀，将腰肌纵切10cm（图4-2-168）或完全切离腰椎（做分割肉时）（图4-2-169），打开切面，观察有无囊尾蚴寄生。如发现疑似囊尾蚴寄生，要将腰肌切口中部钩住，向左外侧轻拉，暴露切面，在腰肌左侧切面上再由上向下平行纵切2～3刀（图4-2-170），以扩大创面，观察确诊。

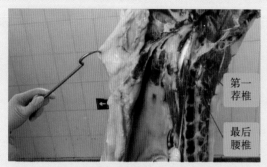

图4-2-167　左侧腰肌检查——纵剖腰肌10cm

图4-2-168　左侧腰肌检查——打开切面（10cm），观察有无囊尾蚴寄生

图4-2-169　左侧腰肌检查——全部纵剖，然后打开腰肌切面观察有无异常

图4-2-170　发现疑似囊虫感染时，要在切面上纵切2～3刀，扩大创面，便于观察

（3）右侧腰肌检查操作技术　左手持钩，反架钩住腰肌平位处的右侧腹壁，向右外侧下方拉紧；右手握刀于左手下方紧贴腰椎椎体从荐椎与腰椎结合部向下运刀，将腰肌纵切10cm或完全切离腰椎（做分割肉时）（图4-2-171和图4-2-172）。打开切面观察有无囊虫（图4-2-173），如发现疑似寄生虫病变时，再反架将腰肌切口中部钩住，向右外侧轻拉，暴露切面，右手握刀于左手下方运刀，在腰肌的右侧切面上再向下平行纵切2～3刀（图4-2-174），仔细观察确诊。

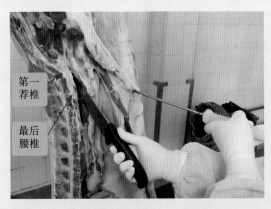

图4-2-171 右侧腰肌检查——纵剖腰肌10cm

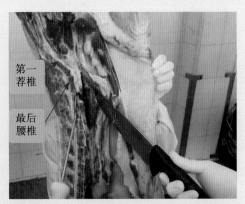

图4-2-172 右侧腰肌检查——纵剖腰肌10cm，打开切面观察有无囊尾蚴

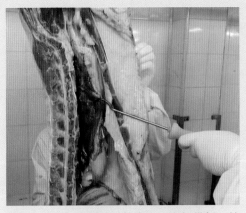

图4-2-173 右侧腰肌检查——全部纵剖，然后打开腰肌切面观察有无异常

图4-2-174 发现疑似囊虫感染时，要在切面上纵切2～3刀，扩大创面，便于观察

（七）肾脏检查

1.猪肾脏简介 猪肾呈豆形，红褐色，左右对称，位于前四个腰椎横突腹面，腹主动脉和后腔静脉两侧，两肾以疏松结缔组织附着于腰肌之下。

肾的表面有一层白色、坚韧的薄膜叫肾包膜，健康猪屠宰后容易剥离，肾脏发生病变时，此膜易与肾实质发生粘连，不易剥离。宰后检查肾脏时要剥离肾包膜。肾包膜的外面有一层脂肪包裹叫肾脂囊。

肾脏的内侧缘有一凹陷处叫肾门，是肾动脉、肾静脉、输尿管、淋巴管、神经出入肾的部位，肾淋巴结位于肾门附近，沿肾动脉分布(图4-2-175)。

肾门向肾内延伸形成一个较大的腔叫肾窦，由肾实质围成。输尿管入肾以后在肾窦内扩大形成漏斗状的肾盂，肾盂向前后分出两支肾大盏，后者再分成8～12个肾

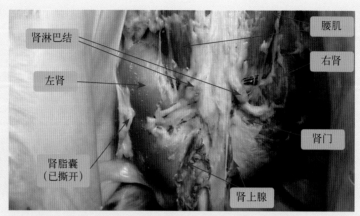

图4-2-175　吊挂猪肾脏、肾上腺和肾淋巴结

小盏，每个肾小盏包绕一个肾乳头。肾盂、肾盏属于排尿部，其管壁内的结缔组织逐渐增厚，这部分结构是肾脏比较坚固的部分。

　　因此，在剖检肾脏时，检验钩要钩住肾脏肾盂部的结缔组织才不容易钩破肾脏（图4-2-176）。

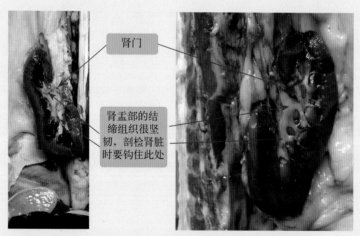

图4-2-176　吊挂猪肾脏水平剖面，图示肾盂部结缔组织

肾的实质包括皮质和髓质（图4-2-176、图4-2-177）。

　　肾皮质：位于浅层，棕红色，肉眼可见细小颗粒为肾小体，是生成原尿的结构。

　　肾髓质：位于深部，色淡，由肾椎体（猪有8～12个）构成。肾椎体呈圆锥状，锥尖钝圆叫肾乳头（猪有8～12个），朝向肾窦。每个肾乳头由一个肾小盏包绕，肾乳头流出的尿液进入肾小盏，再汇入两条肾大盏，经肾盂进入输尿管，然后进入膀胱暂时贮存，最后经尿道排出体外（图4-2-62、图4-2-177）。

图4-2-177　猪肾纵剖

2.肾脏检查岗位设置　肾脏检查岗位设在腰肌检查之后。

3.肾脏检查疫病控制

（1）猪瘟　肾脏表面有大量出血点，形成"雀斑肾"，肾盂出血点。

（2）非洲猪瘟　"雀斑肾"；肾乳头肿大，肾盂出血点。

（3）急性猪丹毒　肾肿大，呈暗红色，俗称"大红肾"，皮肤大片红斑"大红袍"。

（4）急性猪副伤寒　肾肿大，点状出血，肾盂黏膜有出血点。

（5）猪Ⅱ型链球菌病　肾稍肿大，呈暗红色，有出血点。膀胱黏膜出血点。

4.肾脏检查内容与流程　剥离肾包膜→视检肾脏→触检肾脏→剖检肾脏（必要时）。

5.肾脏检查操作技术

（1）左肾检查操作技术

①左肾检查前的准备工作　肾脏以疏松结缔组织附着于腰肌之下，检查左侧肾脏时首先要将肾脏与腰肌割开。做分割肉的胴体腰肌检查时，检验检疫员已将腰肌从腰椎上完整的割开，故此时左侧肾脏已随腰肌完全脱离腰椎，不需再做任何准备就可以进行肾脏检查。但做白条的胴体腰肌检查时，检验检疫员只将腰肌上端与腰椎切开10cm，所以检查肾脏之前，要首先用检验刀将肾脏的背面与腰肌剖开（图4-2-178）。

②左肾翻转180°　左手持钩，钩住肾脏平位处的左侧腹壁；右手握刀，将刀面伸到左肾背侧面，将其逆时针向左翻转180°，使左肾背面朝向检验检疫员（图4-2-179）。

图4-2-178　腰肌剖检10cm的胴体，左肾检查前要将左肾背面与腰肌完全剖开

图4-2-179　左肾翻转——将刀面伸到左肾背侧面，向左翻转180°

　　③剥离左肾肾包膜　左手持钩，钩住左肾背侧面中部的肾盂部，右手握刀，于肾脏外侧1/3处，由上向下将肾包膜和肾脏表面纵向剖开，深度小于5mm（图4-2-180）。然后把刀尖伸进刀口内（图4-2-181），以刀尖背侧将肾包膜向右外侧挑开（图4-2-182），同时左手的检验钩拉紧肾盂部，并沿逆时针向左上方转动，两手同时外展，将肾脏从肾包膜中完整剥离（图4-2-183）。

图4-2-180　剖肾包膜——钩住左肾肾盂部，纵剖肾表面和肾包膜，深度小于5mm

图4-2-181　刀尖背侧伸进刀口内

图4-2-182　用刀背向右外侧挑开肾包膜

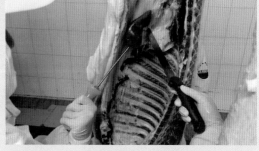

图4-2-183　剥离肾包膜——钩子逆时针向左上方转动，右手刀尖外挑肾包膜，两手同时外展，将左肾从肾包膜中完整剥离

④视检左侧肾脏　观察左侧肾脏，注意其形状、大小和色泽有何异常，与肾包膜有无粘连。

⑤触检左侧肾脏　用刀背由上向下轻刮并按压肾脏表面（图4-2-188），刮掉表面血污，并触检肾脏的弹性和质地变化，检查有无贫血、出血、淤血、肿胀、脓肿、坏死等病变；有无"雀斑肾"或"人红肾"等病变。

（2）右肾检查操作技术

①剥离右肾肾包膜　左手持钩，钩住右肾腹侧面（朝向检验检疫员的一面）中部的肾盂部（图4-2-184），右手握刀，于肾脏外侧1/3处，由上向下将肾包膜和肾脏表面纵向剖开，深度小于5mm（图4-2-185）。然后把刀尖伸进刀口内，以刀尖背侧将肾包膜向右外侧挑开（图4-2-186），同时左手的检验钩拉紧肾盂部，并沿逆时针向左上方转动，两手同时外展，将肾脏从肾包膜中完整剥离（图4-2-187）。

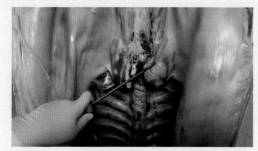

图4-2-184　固定——左手钩住右肾腹侧面（朝向检验检疫员的一面）中部的肾盂部

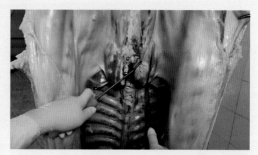

图4-2-185　剖肾包膜——纵剖肾表面，深度小于5mm

②视检右侧肾脏　观察右侧肾脏，注意其形状、大小和色泽有何异常，与肾包膜有无粘连等。

图4-2-186　刀尖背侧伸进刀口，向右外侧挑开肾包膜

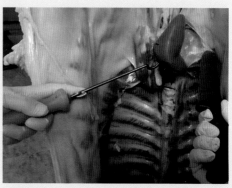

图4-2-187　左手逆时针向左上方转动，右手外挑肾包膜，将左肾脏从肾包膜中完整剥离

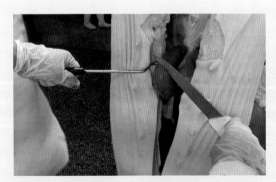

图4-2-188 触检——刀背轻刮并按压肾表面，触检肾脏的弹性和质地变化

③触检右侧肾脏　用刀背由上向下轻刮并按压肾脏表面，刮掉表面血污，并触检肾脏的弹性和质地变化，检查有无贫血、出血、淤血、肿胀、脓肿、坏死等病变；有无"雀斑肾"或"大红肾"等病变（图4-2-188）。

（3）肾脏纵剖检查操作技术（必要时）　发现肾脏有异常，需进一步诊断时，可将肾脏进行纵剖检查。

左手持钩，钩住肾脏中部的肾盂部，将肾脏外侧缘（凸面）朝向检验检疫员，右手持刀，于肾脏外侧缘进刀，沿水平面将肾脏纵剖至肾盂部（图4-2-189），打开剖面，观察肾皮质、肾髓质有无点状出血和线状出血；肾盂部有无出血点；有无囊肿、肾虫等病变（图4-2-190）。

图4-2-189 疑似病变肾脏纵剖技术——钩子固定肾脏，沿水平面纵剖肾脏

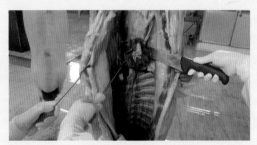

图4-2-190 打开肾脏切面，检查肾皮质、肾髓质，观察有无异常

（八）白肌病、白肌肉和黑干肉检查

1.白肌病、白肌肉和黑干肉病理变化与常见患病部位简介

（1）白肌病　肌肉呈白色条纹或斑块，或弥散性黄白色，切面干燥似鱼肉样。病变呈左右两侧肌肉对称性发生。常发生于半腱肌、半膜肌、股二头肌（图4-2-191）、背最长肌（图4-2-195至图4-2-197）、腰肌（图4-2-76、图4-2-166）、臂三头肌、三角肌和心肌等。

（2）白肌肉　肌肉颜色苍白、呈"水煮"样，或"烂肉"样，柔软易碎、切面多汁，手指容易插入，肌纤维容易拉下来。常发生于背最长肌、半腱肌、半膜肌、股二头肌、腰肌等处。

（3）黑干肉　肌肉干燥、质地粗硬、色泽深暗。常发生于股直肌、股部肌肉和臀部肌肉（图4-2-198、图4-2-199）。

2.白肌病检查

（1）白肌病检查岗位设置

①生产分割肉时　放在分割肉岗位进行检查。

②生产白条肉时　检查岗位设在肾脏检查之后、劈半之前或之后进行。

（2）白肌病检查操作技术

①生产分割肉时白肌病检查操作技术　生产分割肉检查白肌病时，主要检查白肌病的常发部位半腱肌和半膜肌。可在4号肉去掉脂肪之后视检半腱肌、半膜肌和股二头肌（图4-2-191）必要时剖检；也可在去脂肪之前剖检半腱肌（图4-2-192）。

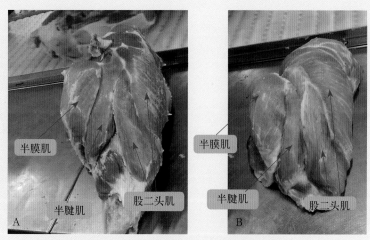

图4-2-191　4号肉去脂肪后视检白肌病

A.带骨4号肉　B.剔骨4号肉

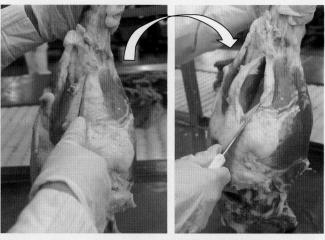

图4-2-192　4号肉未去脂肪时，剖检半腱肌

沿大腿后方正中，纵剖15cm，打开创面，观察有无异常

②生产白条肉时，白肌病检查操作技术　宰后生产白条检查白肌病时，首先检查腰肌（图4-2-76），如果颜色苍白异常，可继续检查半腱肌和半膜肌。

A.腰肌检查操作技术　对腰肌进行白肌病检查要与腰肌囊虫检查同时进行，观察腰肌有无苍白等异常。

B.半腱肌检查操作技术　半腱肌位于后肢股骨的正后方，吊挂猪检查半腱肌时，要在大腿后方正中处进刀，或跟结节下方（吊挂猪）20cm处进刀，向背部方向纵剖15cm，打开创面，观察有无异常（图4-2-193和图4-2-194）。

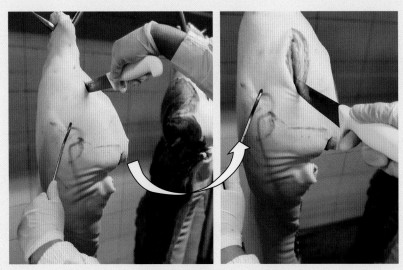

图4-2-193　右侧吊挂猪半腱肌检查（白肌病检查）操作技术

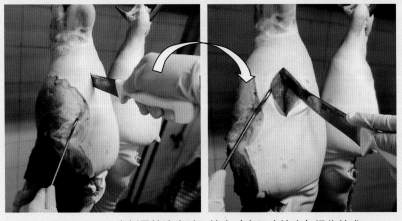

图4-2-194　左侧吊挂猪半腱肌检查（白肌病检查）操作技术

3.白肌肉检查

（1）白肌肉检查岗位设置　设在分割肉岗位进行。

（2）白肌肉检查操作技术　生产分割肉时进行白肌肉检查，主要检查3号肉的背最长肌和4号肉中的半腱肌、半膜肌、股二头肌。可与检查白肌病同时进行。

①做分割肉时，背最长肌检查操作技术　背最长肌位于胸、腰椎棘突与横突之间的三角形夹角内（图4-2-195），起于髂骨前缘，止于最后颈椎，是体内最长、最大的肌肉。

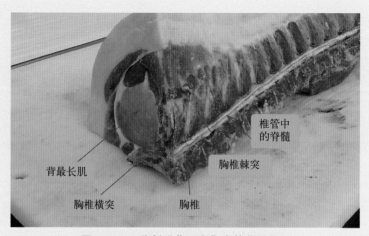

图4-195　分割"背腰肉"中的背最长肌

分割肉检查背最长肌时，最好在纵切背最长肌肋骨面以后检查（图4-2-196），或将背最长肌完全从胸腰椎中分割下来后再进行视检（图4-2-197）。

②做分割肉时，半腱肌、半膜肌和股二头肌检查操作技术　见白肌病分割肉检查。

图4-2-196　纵切背最长肌肋骨面以后检查白肌肉

图4-2-197　背最长肌完全从胸腰椎中分割出来后进行白肌肉视检

4.黑干肉检查

（1）黑干肉检查岗位设置　设在分割肉岗位进行。

（2）黑干肉检查操作技术　生产分割肉时进行黑干肉检查，主要检查4号肉的股部肌肉，要注意股骨前方的股直肌和股中间肌（图4-2-198和图4-2-199），以及股内侧肌和股外侧肌，必要时剖检。

图4-2-198　黑干肉检查——纵剖股直肌和股中间肌

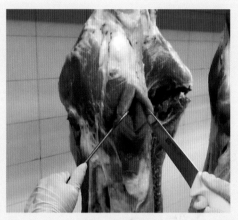
图4-2-199　打开股直肌和股中间肌切口视检

六、宰后复查

宰后复查是对胴体进行全面的检验和复查，一般由官方兽医或经验丰富的技术人员担任。

（一）宰后复查岗位设置

宰后复查岗位设在胴体检查之后。

（二）宰后复查要点

1.猪瘟　全身皮肤出血点，指压不褪色。

2.非洲猪瘟　皮肤发红、出血点，蓝紫色斑块，或坏色状；关节肿大积液。

3.急性败血型猪丹毒　全身皮肤充血，呈紫红色，俗称"大红袍"，指压褪色。

4.亚急性疹块型猪丹毒　皮肤疹块，呈紫红色，俗称"打火印"，指压褪色。

5.链球菌病　关节肿大化脓，关节液混浊，有奶酪样物，关节软骨糜烂。

6.副猪嗜血杆菌病　关节肿大，关节液混浊，关节面上有纤维蛋白。

7.黄疸病　全身组织呈黄色，放置时间越长颜色越黄。

8.黄脂病　仅全身脂肪呈黄色，其他组织不黄染，放置12h后黄色变浅。

9.白肌病　肌肉肿胀、有白色条纹、条块，切面干燥，呈鱼肉样。左右两侧肌肉常对称性发生。

10.白肌肉　肌肉苍白，质地松软，如"烂肉"，手指容易插入肌肉内。

11.骨血素病　全身骨骼红褐色，牙齿淡红棕色，其他组织颜色正常。

（三）宰后复查流程

宰后复查流程：胴体体表复验→皮下脂肪、肌肉复验→胸腔、腹腔复验→骨骼、关节复验→漏摘检查→漏检与错判检查→胴体整体质量及卫生状况检查。

（四）宰后复查操作技术

1.体表复查　用检验钩钩住胴体断端或前肢顺时针旋转胴体（图4-2-200），观察胴体体表，特别是带皮猪皮肤有无出血、疹块、黄染、脓肿等，特别注意猪瘟、猪丹毒等病。

2.皮下脂肪、肌肉复查　检查皮下脂肪和肌肉组织是否正常，有无出血、淤血、水肿、变性、黄染、脓肿和蜂窝织炎等病变。

3.胸腔、腹腔复查　检查胸腔、腹腔浆膜和肋间有无出血等病变（图4-2-201）。

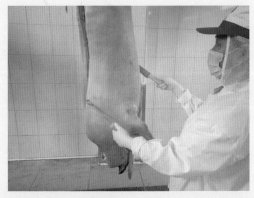 

图4-2-200　复查体表——用钩子旋转胴体，　　图4-2-201　复查胴体胸腔、腹腔、皮下脂肪、
　　　　　　观察体表有无异常　　　　　　　　　　　　　　肌肉和肋间等

4.骨骼与关节复查

（1）检查劈半后的椎骨间有无化脓灶和钙化灶，骨髓有无褐变和溶血现象，肋间有无异常（图4-2-202）。

（2）检查割蹄后的腕关节与跗关节有无肿胀、化脓、关节软骨糜烂等（图4-2-203），注意副猪嗜血杆菌病和链球菌病。

5.漏摘检查　检查有无病变淋巴结和病变组织漏摘。

6.漏检与错判检查　检查有无疫病或不合格肉品被漏检、漏判或错判。

图4-2-202　复查胴体胸椎、腰椎、骨髓等

图4-2-203　复查腕关节

7.胴体整体质量及卫生状况检查

（1）污物及卫生状况检查　体表、体腔是否有血污、脓污、胆汁、粪便、毛及其他污物未处理。

（2）肉品品质检查

①乳头、放血刀口、残留膈肌、伤斑是否已修整。

②槽头是否已割除。

③颈部是否有注射包囊或包块未处理等。

七、有害内分泌腺的摘除与处理

《生猪屠宰产品品质检验规程》规定，生猪屠宰要摘除甲状腺和肾上腺。

（一）食用动物屠宰后内分泌腺摘除的原因

动物内分泌腺分泌的生物活性物质叫激素，可以调节动物机体的新陈代谢、生长发育、生殖、心血管活动、血压等生理过程。

动物体内大部分内分泌腺（如脑垂体、胸腺、甲状旁腺、胰岛等）分泌的激素被人食用后，可以被人体消化液分解，对人没有危害。少部分内分泌腺如甲状腺、肾上腺皮质等分泌的激素不能被人体消化液分解，吸收后进入血液，会引起人体代谢紊乱，甚至会威胁生命。

因此，食用动物宰后要摘除甲状腺、肾上腺。

（二）宰后有害内分泌腺摘除的岗位及操作技术

宰后有害内分泌腺摘除的岗位及操作技术见本节"头蹄检查与内脏检查"。

（三）有害内分泌腺摘除后的处理

1.甲状腺、肾上腺要由专人摘除，专人处理。

2.摘除的内分泌腺，要分别放在有明显标志的容器中，不得随便丢弃，按照农业农村部的要求进行无害化处理，也可以作为生产医药产品的原料。

八、病变淋巴结和病变组织器官检查后的处理与摘除

生猪屠宰检出的"病变淋巴结"和"病变组织"应根据不同情况采取不同的处理方法。

1.经检查疑似为传染病和寄生虫病的，生猪产品不可以食用的，以及暂不能确定是否可以食用的处理。

（1）检查后的病变淋巴结和病变组织不能摘除，要完整保留，为进一步诊断提供病理依据。

（2）在病猪屠体或胴体上盖"可疑病猪"章，经病猪岔道推入病猪间，诊断确诊。

①确诊为疫病猪的　病变淋巴结和病变组织更不能摘除，连同病猪及产品全部进行无害化处理。

②确诊为健康猪的　病变淋巴结和病变组织应摘除，屠体或胴体经"回路轨道"返回胴体生产线轨道，继续加工。

2.经检查确诊为一般普通病的，生猪产品可以食用的，检查后病变淋巴结和病变组织应摘除。

3.经检查生猪产品合格，可以食用的，检出的病变淋巴结及病变组织应摘除。

第三节　生猪宰后检验检疫后的处理方法

一、宰后合格肉品的处理方法

（一）分级
按照国家有关规定和标准对合格的胴体进行分级。

（二）加盖印章、标志和出具证明
经检疫合格的，官方兽医出具《动物检疫合格证明》，在胴体上加盖"检疫验讫"印章，在产品包装上加贴《动物产品检疫合格》标签；企业在胴体上加盖"肉品品质检验合格验讫"印章，出具《肉品品质检验合格证》。

生猪产品必须"证章齐全""货票相符"时，方可以进入市场流通。

二、生猪宰后不合格肉品的处理流程与方法

经宰后检验检疫确诊为疫病猪的，官方兽医出具《检疫处理通知单》，按照《中华人民共和国动物防疫法》《重大动物疫情应急条例》《动物疫情报告管理办法》《病死及病害动物无害化处理技术规范》和《生猪屠宰检疫规程》等规定处理。

经宰后检验确诊为品质不合格的，按照《生猪屠宰产品品质检验规程》（GB/T 17996—1999）的规定处理。

（一）宰后发现疫病猪时的处理流程与方法

1.宰后发现口蹄疫、猪瘟、非洲猪瘟、高致病性猪蓝耳病和炭疽时的处理流程与方法

（1）立即停止生产　停止屠宰、停止检验检疫，所有生产轨道停止运行。

（2）封锁现场　疑病猪的屠体、胴体、内脏及其他副产品和已宰杀的同群猪，以及未宰杀的同群猪，由专人看护，禁止移动，禁止冲淋，封锁现场，严禁人员接触。

（3）限制人员活动　所有生产人员坚守岗位，停止走动、停止一切无关活动。

（4）报告疫情　立即向有关部门报告疫情，听从官方兽医统一处置。

（5）无害化处理　经检疫确诊后，官方兽医出具《检疫处理通知单》，病猪及其产品和同群猪运到动物卫生监督机构指定的地点，按照农业农村部的规定进行销毁处理。

（6）全面消毒　实施全面严格的消毒，密切接触人员进行隔离体检。

注意：炭疽病猪尸体必须全部焚烧处理。严禁剖检炭疽病猪和可疑炭疽病猪。

2.宰后发现其他疫病时处理流程与方法　宰后发现猪丹毒、猪肺疫、猪副伤寒、猪Ⅱ型链球菌病、猪支原体肺炎、副猪嗜血杆菌病、猪囊尾蚴病、旋毛虫病、丝虫病，以及其他疫病时的处理流程如下。

（1）将可疑病猪进行"标识"　宰后检查发现可疑病猪时，要在病猪屠体或胴体上盖"可疑病猪"章，或在屠体或胴体表面做醒目的"标识"（标记）。

（2）转入"病猪岔道"送入病猪间　将疑似病猪屠体或胴体，从生产线轨道上转入病猪轨道，送到病猪间，同时通过统一编号，找到该病猪的头、蹄、内脏一并送到病猪间待检。

（3）报告官方兽医，确诊盖章　立即报告官方兽医，对疑似病猪进行综合检验检疫，并确诊处理。

①确诊为健康的处理方法，屠体或胴体经回路轨道返回生产线轨道，继续加工。

②确诊为病猪的处理方法

A.动物卫生监督机构在胴体上加盖检疫不合格印章，包括"高温"和"销毁"印章，并出具《检疫处理通知单》。

B.确诊为病猪需要销毁的，将其屠体或胴体从轨道上卸下，与头、蹄、内脏一起放入不漏水的"病猪运送车"内，运到无害化处理间，或动物卫生监督机构指定的地点进行无害化处理。

C.确诊为病猪的，同群猪隔离观察，确认无异常的，准予屠宰；出现异常的，按病猪处理。

（4）无害化处理　病猪按农业农村部的规定进行无害化处理。

（二）宰后发现品质不合格肉时的处理流程与方法

宰后发现品质不合格肉时，在屠体或胴体表面做"标记"，经病猪轨道送入病猪间待进一步确诊。

1.将可疑病猪进行"标识"　宰后发现品质不合格肉时，要在病猪屠体或胴体上盖"不合格肉"章，或做醒目的"标记"。

2.转入"病猪岔道"送入病猪间　将疑似不合格胴体，从生产线轨道上转入病猪轨道，送到病猪间，同时通过统一编号，找到该病猪的头、蹄、内脏一并送到病猪间待检。

3.检查确诊盖章

（1）确诊为健康的处理方法　胴体经"回路轨道"返回生产线轨道，继续加工。

（2）确诊为品质不合格的　企业在胴体上加盖肉品品质检验不合格印章，包括"非食用""复制""高温"和"销毁"印章（见第六章）。

（3）确诊为病猪的处理方法

①确诊为病猪的，报告官方兽医，在胴体上加盖检疫不合格印章，包括"高温"和"销毁"印章，并出具《检疫处理通知单》。

②确诊为病猪的或品质不合格肉需要销毁的，将其胴体从轨道上卸下，与头、蹄、内脏一起放入不漏水的"病猪运送车"内，运到无害化处理间进行无害化处理。

②同群猪隔离观察，确认无异常的准予屠宰；出现异常的，按病猪处理。

（4）无害化处理　病猪及品质不合格肉需要销毁的按农业农村部的规定进行无害化处理。

第五章

生猪屠宰实验室检验

生猪屠宰产品应符合《食品安全国家标准 鲜（冻）畜禽产品》（GB 2707—2016）的规定。同时按照《鲜、冻片猪肉》（GB 9959.1—2001）和《分割鲜、冻猪瘦肉》（GB/T 9959.2—2008）的规定，产品出厂检验项目为净含量、感官，鲜、冻片猪肉还规定了标签、包装。同时，这两个标准还分别规定了型式检验项目，即出厂检验项目以外的其他的检验项目，如理化项目中的水分、挥发性盐基氮、某些环境污染物（重金属）及药物残留；微生物检验中的菌落总数、大肠菌群、沙门氏菌。

出厂检验：每批出厂产品应经检验合格，出具检验证书方能出厂。

型式检验：每年至少进行一次。有下列情况之一者，应进行型式检验。

①更换设备或长期停产再恢复生产时。

②出厂检验结果与上次型式检验有较大差异时。

③国家质量监督机构进行抽查时。

第一节 采样方法

采样前的准备和注意事项。包括采样工具：刀或检验刀，镊子，不同规格的白搪瓷盘，采样袋，记录簿或笔，采样箱或桶等；微生物检验采样还必须备有75%酒精棉球瓶、酒精灯、打火机等。样品包装容器必须经事先灭菌，采样刀、镊子等工具必须现场灭菌，并达到无菌状态（图5-1-1）。

采样前首先确定采样的种类、批次；进入车间或冷藏库要遵守有关规定，更换并穿戴工作服（衣、帽、靴和手套），洗手消毒后方可进入。

图5-1-1 采样器具

实验室检验采样程序如图5-1-2所示。

| 采样准备 | → | 1.感官、理化检验
2.微生物检验
3."瘦肉精"检验 | → | 采样准备 | → | 操作方法 | → | 记录送检 |

图5-1-2　实验室检验采样程序

一、感官及理化检验采样方法

（一）感官检验采样方法

1.片猪肉煮沸后的肉汤试验样品　《鲜、冻片猪肉》（GB 9959.1—2001）规定了煮沸后的肉汤检验，样品分别采取不同部位的鲜、冻片猪肉1 000g，在保持鲜、冻猪肉质量的情况下立即送检（图5-1-3）。

2.分割鲜、冻猪瘦肉感官检验样品　分割鲜、冻猪瘦肉的感官检验样品，分别来自生产现场或者冷藏间（库），取猪的分割瘦肉1号肉、2号肉、3号肉、4号肉（分别是完整的颈背肌、前腿肌、背长肌、后腿肌），放于白搪瓷盘中进行感官检验。

图5-1-3　采取不同部位的肉样

注意：所采取的分割鲜、冻猪瘦肉样品与同一批次产品进行同一编号，并做好采样记录和检验记录，感官检验时要保持商品的原有状态和完整性，感官检验后样品要送回原处。

（二）理化检验采样方法

理化检验采样，随机从相应的生产批次（批量）的片猪肉或分割猪肉上，按规定的样本数量采取样品，除去皮、脂肪、骨骼、肌腱，取瘦肉部分2 000g作为检验样品(图5-1-4)。

鲜、冻片猪肉（片）和分割鲜、冻猪瘦肉（箱）样本数量见表5-1-1。

图5-1-4　理化检验取样

表5-1-1　片猪肉（片）、分割肉（箱）样本数量

批量范围（片/箱）	样本数量（片/箱）
<1 200	5
1 201～35 000	8
≥35 001	13

二、微生物学检验采样方法

微生物学检验采样方法按照《食品安全国家标准　食品微生物学检验总则》（GB 4789.1—2016）和《食品卫生微生物学检验　肉与肉制品检验》（GB/T 4789.17—2003）的规定进行。

（一）肉品的采样法

1.屠宰加工过程猪肉样品　生猪屠宰加工过程取样，开膛后用无菌刀和镊子取前肢或臀部两内侧肌肉各150g；劈半后用无菌刀和镊子取两内侧背最长肌肉，各150g；无菌袋（或瓶）包装。

2.冷却鲜肉、冷冻肉、分割肉样品　冷却肉用无菌刀和镊子取其腿部肌肉或其他部位肌肉不少于250g；冷冻肉待自然解冻后，用无菌刀和镊子取其腿部或其他部位肉不少于250g。

分割猪肉微生物检验取样，分割前取自片猪肉不同部位，暴露且易污染的表面（图5-1-5）；分割后1~4号肉取自肉表面各部位。分割肉沙门氏菌检验，从每批（班生产）的样本数量中抽取20个检验样品，每个样品不少于150g，样品分别用无菌袋包装，立即送检（图5-1-6）。

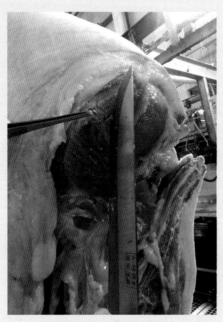

图5-1-5　片猪肉采样　　　　　　　图5-1-6　无菌袋内肉样

以上检验样品，从采样到实验室检验，时间不超过3h；如条件不允许时，送检样品应冷藏，不得加入任何防腐剂。检验样品送至微生物检验室应立即检验，如不能立即检验，放冰箱暂存。

（二）棉试采样法

按照《食品卫生微生物学检验 肉与肉制品检验》（GB/T 4789.17—2003）的规定取样。

（三）采样频率/批次

在生产过程，微生物检验采样一般按每班生产为一个批次，随机抽取样品。流通过程，按当日运输工具（车、船）或库存产品的批次随机抽取样品。在特殊情况下，为提高生产过程的产品卫生质量，检查生产过程各环节肉品是否受到条件性致病菌（沙门氏菌）污染，需要每月或在特殊的生产季节（夏季）连续采样检验，直到不再发现致病菌污染。注意：微生物检验样品在采样过程，最重要的是按照无菌操作要求采样，并做好相关记录并及时送检。

三、"瘦肉精"检验采样方法

"瘦肉精"检验样品分为动物组织和尿液。样本量依据屠宰数量和来源不同而不同。尿液样品分为宰前样品和宰后样品，宰前同群猪中一般采样量为5%；宰后为保证产品质量安全，要求逐头取尿液样品检验。组织样品，如肝脏、肉品一般按5%取样。

（一）尿液样品

1.宰前尿液采样方法　在生猪运抵屠宰厂（场）后，在卸车时或进圈检验检疫通道及时接取尿液，并且在猪背部做一标记与样品同一编号，以便出现阳性结果能立即找到该猪与该群生猪。具体操作方法，见第五节"'瘦肉精'的快速检测方法"中"宰前'瘦肉精'检测"。

2.宰后尿液采样方法　宰后尿液的采样，是在开膛取出内脏之前从膀胱抽取尿液，分为割取膀胱取尿液法和直接针管吸取法，方法以割取膀胱取尿液法为佳，适合生产线现场操作。关键是屠体与尿液样品同一编号，以便出现阳性检验结果后连同其他猪产品同一处理。具体操作方法，见第五节"'瘦肉精'的快速检测方法"中"宰后'瘦肉精'检测"。

（二）组织样品

猪肉品采样同理化检验采样方法。肝脏样品应在取出内脏（心肝肺）时采取，以便样品和胴体同一编号，一旦出现阳性检验结果能及时查找到胴体和其他产品（器官），并有利于快速进入食品安全追溯系统。

第二节　肉品感官及挥发性盐基氮的测定

肉品感官检验方法，是检查和检验肉品新鲜度质量最直接、最实用的检验方法。挥发性盐基氮是动物性食品由于酶和细菌的作用，在腐败过程中，使蛋白质分解而产生氨以及胺类等碱性含氮物质。测定挥发性盐基氮是衡量肉品新鲜度的重要指标之一。

一、感官检验

（一）鲜、冻片猪肉感官检验

鲜、冻片猪肉的感官检验，按照《鲜、冻片猪肉》（GB 9959.1—2001)有关规定执行。感官检验指标应符合《食品安全国家标准 鲜（冻）畜、禽产品》（GB 2707—2016)有关规定。除气味检查中煮沸试验外，主要是在现场和充足的自然光线下进行。

1.去皮（带皮）鲜、冻片猪肉外形和色泽　鲜片猪肉肌肉色泽鲜红或深红，有光泽，脂肪呈乳白色或粉白色。冻片猪肉（解冻后）肌肉有光泽，色鲜红，脂肪乳白色，无霉点（图5-2-1）。

感官检验过程，同时注意观察肉品是否放血良好，无淤血、外伤、粪污、胆污及其他污染物。片猪肉要求：修整良好，去残毛，冲洗程度达到国家标准《鲜、冻片猪肉》

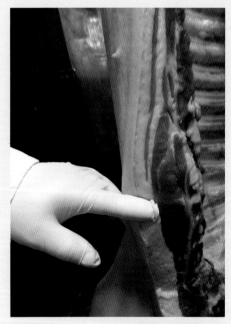

图5-2-1　片猪肉的外形色泽

（GB 9959.1—2001）的要求。通过感官检查背侧、腹侧、臀部肌肉表面和切面色泽，判定肉品卫生质量是否符合规定要求。

2.弹性（组织状态）　鲜片猪肉指压后的凹陷立即恢复；冻片猪肉解冻后检查，肉质紧密，有坚实感（图5-2-2）。

3. **黏度**　鲜片猪肉外表微干或微湿润，触之不黏手；冻片猪肉外表湿润，不黏手（图5-2-3）。

图5-2-2　片猪肉的弹性检验

图5-2-3　片猪肉的黏度检验

4. **气味**

（1）嗅觉气味　鲜片猪肉具有鲜猪肉正常气味；冻片猪肉具有冻猪肉正常气味。

（2）煮沸后的肉汤检验　鲜片猪肉煮沸后肉汤透明澄清，脂肪团聚于液面，具有香味；冻片猪肉煮沸后肉汤透明澄清，脂肪团聚于液面，无异味。具体检验方法如下。

①样品处理　在实验室将肉切碎、绞细（图5-2-4）。

②称样、量水　称取绞碎的检样20g，置于200mL烧杯中（图5-2-5），随即将量取的100mL水加于200mL的烧杯中（图5-2-6、图5-2-7）。

图5-2-4　将肉切碎

图5-2-5　称样

图5-2-6　量水

图5-2-7　加水

图5-2-8　盖皿加热

③加热检查　用表面皿盖上加热至50~60℃（图5-2-8）。开盖检查气味(图5-2-9)。

④继续加热煮沸检查：加热煮沸20~30min，检查肉汤的气味、滋味和透明度。同时注意检查脂肪的气味和滋味(图5-2-10)。

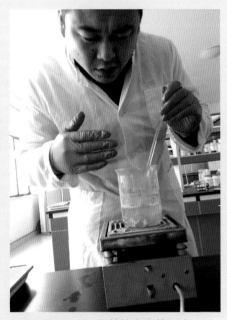 

图5-2-9　开盖检查肉的气味　　　　　图5-2-10　煮沸后肉汤检查

（二）分割鲜、冻瘦猪肉感官检验

分割鲜、冻瘦猪肉感官检验方法，按照国家标准《分割鲜、冻猪瘦肉》（GB/T 9959.2—2008）进行。感官检验指标应符合《食品安全国家标准　鲜（冻）畜、禽产品》（GB 2707—2016）有关规定。

1.感官检验

（1）色泽　肌肉色泽鲜红，有光泽；脂肪乳白色(图5-2-11)。

（2）组织状态　触之肉质紧密，有坚实感(图5-2-12)。

（3）气味（嗅觉）　具有鲜猪肉固有的气味，无异味(图5-2-13)。

2.冷却、冷冻肉的温度测定

（1）冷却肉的温度测定　使用电子数显温度计，直接插入4~5cm肌肉深层，在1~2min内读取数据(图5-2-14)。

（2）冷冻肉的温度测定

①冷冻分割肉的温度测定　冻肉测温前用电钻在肉块较厚的中间部位钻孔（图5-2-15）；用温度显示仪或使用±50℃非汞柱普通玻璃温度计测温(图5-2-16)。

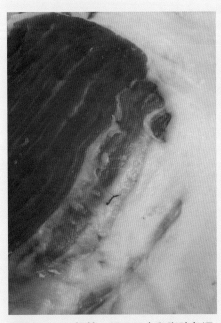

图5-2-11　视检，眼观肌肉和脂肪色泽

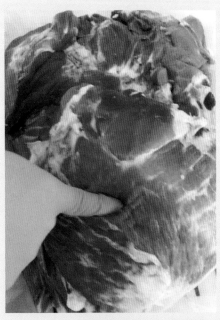

图5-2-12　触检，用手触摸肉的质地

图5-2-13　嗅检，检查肉的气味

图5-2-14　冷却分割肉温度测定

图5-2-15　冻肉测温前钻孔

图5-2-16　冷冻分割肉测温

②冻片猪肉的温度测定　用直径略大于温度计直径的（不得超过0.1cm）钻头，在后腿部位钻至肌肉深层中心（4~6cm），钻孔后迅速将温度计插入肌肉孔中，使用±50℃非汞柱普通玻璃温度计或其他测温仪器，约3min后，平视温度计所示度数(图5-2-17)。注意：试验用钻头和温度计使用前后要消毒。

二、挥发性盐基氮的测定

按照《食品安全国家标准　食品中挥发性盐基氮的测定》（GB 5009.228—2016）方法测定。鲜、冻片猪肉和分割鲜、冻猪瘦肉挥发性盐基氮指标，应符合《食品安全国家标准　鲜（冻）畜、禽产品》（GB 2707—2016）规定（表5-2-1）。

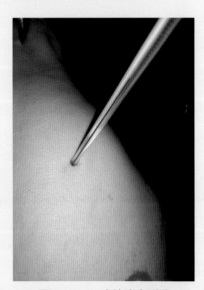

图5-2-17　冻片猪肉测温

表5-2-1　鲜、冻片猪肉和分割鲜、冻猪瘦肉挥发性盐基氮指标

测定项目	鲜、冻片猪肉，分割鲜、冻猪瘦肉
挥发性盐基氮（mg/100g）	≤15

挥发性盐基氮的测定方法包括半微量定氮法、自动凯氏定氮仪法和微量扩散法。本节主要介绍半微量定氮法和自动凯氏定氮仪法。

（一）半微量定氮法

半微量定氮法测定程序见图5-2-18所示。

图5-2-18　半微量定氮法测定程序

1.试样制备　称取肉样20g（精确至0.001g），置于有瓶塞的锥形瓶中（图5-2-19），准确加入100mL三氯乙酸溶液（图5-2-20），摇匀，静置15min，过滤备用（图5-2-21、图5-2-22）。

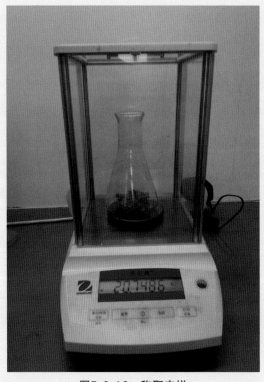

图5-2-19　称取肉样

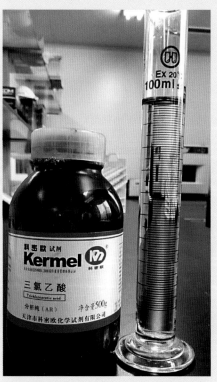

图5-2-20　量取三氯乙酸溶液

图5-2-21　加入三氯乙酸溶液后摇匀　　　　图5-2-22　静置过滤

　　注意：滤液应及时使用，不能及时使用的滤液置冰箱内0~4℃冷藏备用。对于蛋白质胶质多、黏性大、不容易过滤的样品，用三氯乙酸溶液替代水进行试验。

　　2.试验方法

　　（1）测定前半微量定氮装置的检查　测定前对半微量定氮装置进行清洗和密封性检查。加入蒸馏瓶满足试验所用的水，打开循环冷却水，检查是否正常（图5-2-23）。

　　（2）测定

　　①接收瓶内加入硼酸溶液和混合指示剂　向接收瓶内加入10mL硼酸溶液和5滴混合指示剂，并使冷凝管下端插入液面下（图5-2-24）。

　　②加入滤液及水　准确吸取10mL滤液，由小玻杯注入反应室。再加入10mL水冲洗小玻璃杯，使其流入反应室，随后塞紧棒状玻璃塞（图5-2-25）。

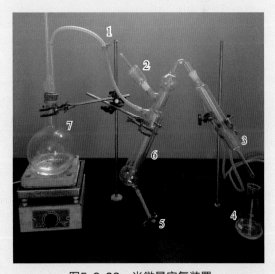

图5-2-23　半微量定氮装置

1.进气管止水夹　2.小玻杯及棒状玻璃塞　3.冷凝管末端　4.蒸馏液接收瓶　5.橡皮管止水夹　6.反应室　7.水蒸气发生器（蒸汽瓶）

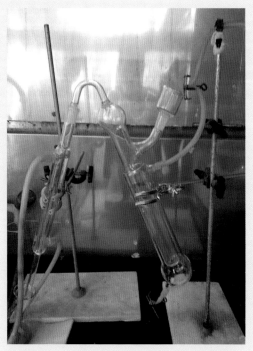

图5-2-24 使冷凝管下端插入接收瓶液面下

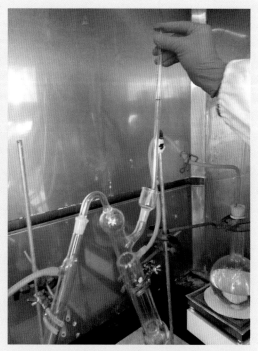

图5-2-25 加滤液,加水冲洗

③加入氧化镁混悬液 再向反应室中加入5mL或10mL氧化镁混悬液,立即塞紧玻璃塞(图5-2-26),同时向小玻璃杯加水封口,以防漏气。

④开始蒸馏 夹紧反应室下方螺旋夹(或止水夹),打开蒸汽管螺旋夹(或止水夹)通入蒸汽,开始蒸馏(图5-2-27、图5-2-28)。

⑤蒸馏时间 蒸馏时间为5min,然后移动蒸馏液接收瓶,使液面离开冷凝管下端,再蒸馏1min(图5-2-29),用少量水冲洗冷凝管下端外部,取下蒸馏液接收瓶(图5-2-30)。

图5-2-26 加入氧化镁混悬液

⑥滴定 以盐酸或硫酸标准滴定溶液(0.01 moL/L)滴定至终点(图5-2-31)。使用1份甲基红乙醇溶液与5份溴甲酚绿乙醇溶液混合指示液,终点颜色至紫红色。同时做试剂空白滴定(图5-2-32)。

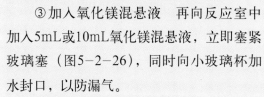

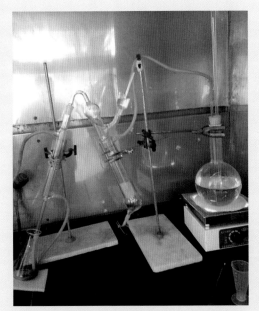

图5-2-27　打开蒸汽管螺旋夹（或止水夹）通入蒸汽

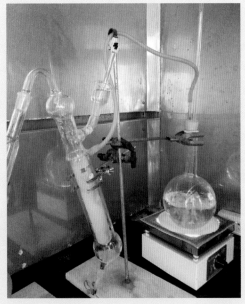

图5-2-28　开始蒸馏

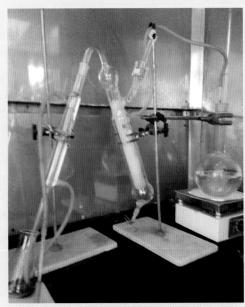

图5-2-29　蒸馏5min后移动接收瓶，再蒸馏1min

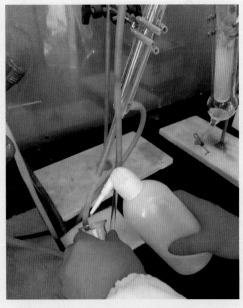

图5-2-30　用少量水冲洗冷凝管下端，取下蒸馏液接收瓶

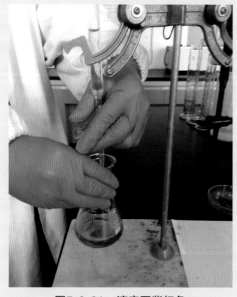

图5-2-31　滴定至紫红色

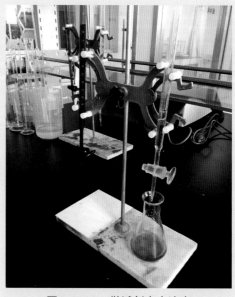

图5-2-32　做试剂空白滴定

（3）分析结果的表述　试样中挥发性盐基氮的含量，按下式计算结果。

$$X=(V_1-V_2)\times c\times 14/m\times(V/V_0)\times 100$$

式中：

X ——试样中挥发性盐基氮的含量，单位为毫克每百克(mg/100g)；

V_1 ——试液消耗盐酸或硫酸标准滴定溶液的体积，单位为毫升(mL)；

V_2 ——试剂空白消耗盐酸或硫酸标准滴定溶液的体积，单位为毫升(mL)；

c ——盐酸或硫酸标准滴定溶液的浓度，单位为摩尔每升(mol/L)；

14——滴定1.0mL盐酸或硫酸[c(HCl)=1.000mol/L]或硫酸[c(1/2H$_2$SO$_4$)= 1.000mol/L]标准滴定溶液相当的氮的质量，单位为克每摩尔（g/mol）；

m ——试样质量，单位为克（g）；

V ——准确吸取的滤液体积，单位为毫升（mL），本方法中V=10；

V_0 ——样液总体积，单位为毫升（mL),本方法中V_0=100；

100——计算结果换算为毫克每百克(mg/100g)的换算系数。

试验结果以重复条件下获得两次独立测定结果的算数平均值表示，结果保留三位有效数字。精密度要求其绝对差值不得超过算数平均值的10%。

（二）自动凯氏定氮仪法

1.试样制备

（1）称样　称取试样10g，精确至0.001g。

（2）试样制备　方法同半微量定氮法。

2.测定

（1）试样　试样装入蒸馏管中，加入75mL水，振摇，使试样在样液中分散均匀，浸渍30min（图5-2-33）。

（2）清洗、试运行　通过清洗、试运行，使仪器进入正常测试运行状态。按照仪器操作说明书的要求运行仪器。

（3）空白测定　首先进行试剂空白测定，取得空白值。记录空白值V_2（图5-2-34）。

（4）在接收瓶中加入硼酸接收液和混合指示剂　在锥形瓶中加入30mL　20g/L的硼酸接收液；加10滴1∶5的甲基红、溴甲酚绿乙醇溶液混合指示剂。

（5）测定试验

①加入氧化镁　在蒸馏管中加入1g氧化镁。

②测定　立刻连接蒸馏器，按照仪器设定的条件和仪器操作说明书的要求开始测定（图5-2-35）。

③测定完毕注意事项　测定完毕及时清洗和疏通加液管路及蒸馏系统。

（6）滴定　取下锥形瓶，用0.1mol/L盐酸或硫酸标准溶液滴定，滴定至终点溶液为紫红色，记录下消耗体积V_1。

图5-2-33　试样装入蒸馏管中
加水摇匀

图5-2-34　定氮仪
空白试剂测定

图5-2-35　测定试验

3.测定结果及检出限

(1) 试样中挥发性盐基氮的含量单位及试验结果　试样中挥发性盐基氮的含量单位为毫克每百克（mg/100g），按公式[$X=(V_1-V_2)\times c\times 14/m\times 100$]计算结果。

试验结果以重复条件下获得两次独立测定结果的算数平均值表示，结果保留三位有效数字。精密度要求其绝对差值不得超过算数平均值的10%。

(2) 检出限　称样量为10g时，检出限为0.04 mg/100g。

第三节　肉品微生物学检验

肉品微生物学检验主要包括：菌落总数的测定、大肠菌群的测定、沙门氏菌检验，并对大肠菌群计数法进行了介绍。

分割鲜、冻猪瘦肉微生物指标按照《分割鲜、冻猪瘦肉》（GB/T 9959.2—2008）中规定执行（表5-3-1）。

表5-3-1　分割鲜、冻猪瘦肉微生物指标

项目	指标
菌落总数（CFU/g）	$\leqslant 1\times 10^6$
大肠菌群（MPN/100g）	$\leqslant 1\times 10^{4*}$
沙门氏菌	不得检出

注：*检验方法采用本节"三、大肠菌群测定"。

一、菌落总数的测定

菌落总数（aerohic plate count）是指食品检样经过处理，在一定条件下（如培养基、培养温度和培养时间等）培养后，所得每1g（mL）检样中形成的微生物菌落总数。

（一）菌落总数的测定方法

菌落总数的测定方法按照《食品安全国家标准　食品微生物学检验　菌落总数的测定》（GB 4789.2—2016）进行。

1.菌落总数的测定程序　菌落总数的测定程序如图5-3-1所示。

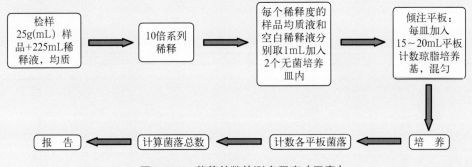

图5-3-1　菌落总数的测定程序（示意）

2.试验前的准备

（1）试验器皿的灭菌　将洁净干燥的平板（除一次性平板外）、刻度吸管经包装后（或装入金属桶内），于160～170℃干热灭菌备用（图5-3-2）。

（2）无菌室　无菌室内超净工作台等设备仪器、操作器具，事先经紫外线灯杀菌消毒（图5-3-3）。

（3）微生物检验稀释液、培养基的制备　制备微生物检验用稀释液、培养基，除规定不需要高温灭菌的外，均应按规定加热溶解后高压灭菌，如121℃（或115℃）15min（图5-3-4）。试验结束后培养物也必须高压灭菌。

3.样品的稀释

（1）称取样品　用剪刀绞细，称25g样品置于无菌均质袋内（图5-3-5和图5-3-6）。

（2）制取样品均液　将已称取的25g样品置于盛有225mL的磷酸盐缓冲液或生理盐水的无菌均质袋或无菌均质杯中（图5-3-7），用拍打式均质器拍打1～2min，制成1∶10样品均液（图5-3-8）。

图5-3-2　平板干燥灭菌备用

图5-3-3　无菌室

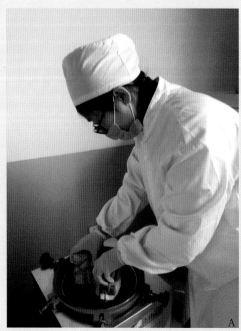

图5-3-4 微生物实验室高压蒸汽灭菌
A.待灭菌物品装入灭菌器 B.封盖灭菌

图5-3-5 在无菌室内绞细样品 图5-3-6 称样品置无菌均质袋内

图5-3-7　无菌均质袋内加入稀释液　　　图5-3-8　用拍打式均质器拍打均质

（3）10倍系列稀释　用1mL无菌吸管或微量移液器，吸取1mL1∶10的样品均质液，沿管壁缓慢注于9mL稀释液的无菌试管中，制成1∶100的稀释液。以此制成10倍系列稀释液（图5-3-9）。

按上述操作制成10倍系列稀释液，每递增稀释一次，换用一次1mL无菌吸管或吸头（图5-3-10）。

图5-3-9　样品均质液的稀释　　　　　图5-3-10　制成10倍系列稀释液

4.倾注平板

（1）平皿内加入样品均质液和空白稀释液　选择2～3个适宜稀释度的样品均质液，吸取1mL样品均质液于无菌平皿内，每个稀释度做两个平皿。同时，分别吸取1mL空白稀释液加入两个无菌平皿，做空白对照（图5-3-11）。

图5-3-11　在无菌平皿内分别加入样品均质液和空白稀释液

（2）倾注平皿　及时将冷却至46℃的平板计数琼脂培养基[可预先放置在（46±1）℃恒温水浴箱中，如图5-3-12所示]倾注平皿，每皿15～20mL（图5-3-13和图5-3-14），并转动平皿使其混合均匀（图5-3-15）。

5.培养　待琼脂凝固后，反转平皿，于（36±1）℃培养箱培养（48±2）h（图5-3-16和图5-3-17）。

6.菌落计数　用肉眼观察，必要时用放大镜或菌落计数器，记录稀释倍数和相应的菌落数量。菌落计数以菌落形成单位（colony-forming units，CFU）表示。

图5-3-12　培养基在恒温水浴箱内

图5-3-13　平板预先编号标注

图5-3-14 无菌状态下倾注平板

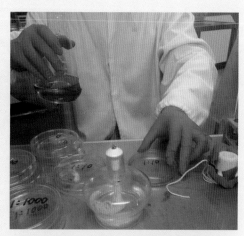

图5-3-15 倾注后随即旋转平皿混匀

图5-3-16 凝固后反转平皿

图5-3-17 置于恒温培养箱培养

（1）选取菌落数计数菌落总数 选取菌落数在30～300CFU、无蔓延菌落生长的平板计数菌落总数（图5-3-18）。低于30CFU记录具体菌落数，大于300CFU可记录为多不可计（图5-3-19）。每个稀释度的菌落数采用两个平板的平均数。

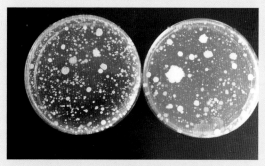

图5-3-18 菌落数在30～300CFU

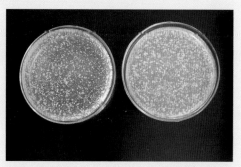

图5-3-19 菌落数大于300CFU

（2）菌落呈片状生长情况　　如果其中一个平板有较大片状菌落生长时，不宜采用（图5-3-20），应以无片状菌落生长的平板作为该稀释度的菌落数。

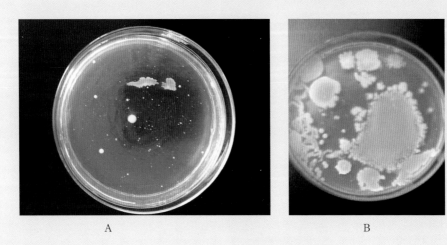

　　　　　A　　　　　　　　　　　　　　　　　B

图5-3-20　菌落呈片状生长

A.平板有小片状生长　　B.平板有较大片状菌落生长

　　如在一个平板上，片状菌落占不到平板的一半，而其余一半中菌落分布又很均匀，即可计算半个平板后乘以2，代表一个平板菌落数(图5-3-21)。

（3）菌落呈链状生长情况　　如平板上出现菌落间无明显界线的链状生长时，每条单链作为一个菌落计数(图5-3-22)。

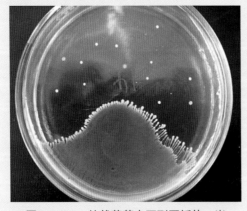 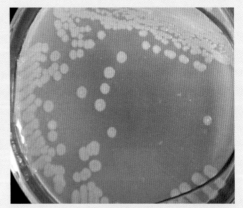

图5-3-21　片状菌落占不到平板的一半　　　**图5-3-22　平板上菌落间无明显界线的链状生长**

（二）结果与报告

1.菌落计数与报告方式

（1）只有一个稀释度平板上的菌落数在适宜计数范围内时的报告　　若只有一个

稀释度平板上的菌落数在适宜计数范围内，计算两个平板菌落数的平均值，再将平均值乘以相应稀释倍数，作为每1g(mL)样品中菌落总数结果。菌落计数与报告方式见表5-3-2。

表5-3-2　菌落计数与报告方式

| 例次 | 稀释液及菌落数 | | | 菌落总数 | 报告方式 |
	10^{-1}	10^{-2}	10^{-3}	（CFU/g或ml）	（CFU/g或ml）
1	多不可计	164	20	16 400	16 000或1.6×10^4

（2）有两个连续稀释度的平板菌落数在适宜计数范围内时的报告　若有两个连续稀释度的平板菌落数在适宜计数范围内时按下式计算：

$$N = \Sigma C / (n_1 + 0.1n_2)d$$

式中：

ΣC——平板(含适宜范围菌落数的平板)菌落数之和；

n_1——第一稀释度(低稀释倍数)平板个数；

n_2——第二稀释度(高稀释倍数)平板个数；

d——稀释因子(第一稀释度)。

（3）所有稀释度的平板上菌落数均大于300CFU时的报告　若所有稀释度的平板上菌落数均大于300CFU，则对稀释度最高的平板进行计数，其他平板记录为多不可计，结果按平均菌落数乘以最高稀释倍数计算（表5-3-3）。

表5-3-3　菌落计数与报告方式

| 例次 | 稀释液及菌落数 | | | 菌落总数 | 报告方式 |
	10^{-1}	10^{-2}	10^{-3}	（CFU/g或ml）	（CFU/g或ml）
2	多不可计	多不可计	313	313 000	313 000或3.1×10^5

（4）所有稀释度的平板菌落数均小于30CFU时的报告　若所有稀释度的平板菌落数均小于30CFU，则应按稀释度最低的平均菌落数乘以稀释倍数计算（表5-3-4）。

表5-3-4　菌落计数与报告方式

| 例次 | 稀释液及菌落数 | | | 菌落总数 | 报告方式 |
	10^{-1}	10^{-2}	10^{-3}	（CFU/g或ml）	（CFU/g或ml）
3	27	11	5	270	270或2.7×10^2

（5）所有稀释度平板均无菌落生长时的报告　若所有稀释度平板均无菌落生长，

则以小于1乘以最低稀释倍数计算（表5-3-5）。

表5-3-5　菌落计数与报告方式

例次	稀释液及菌落数			菌落总数（CFU/g或ml）	报告方式（CFU/g或ml）
	10^{-1}	10^{-2}	10^{-3}		
4	0	0	0	$1×10$	<10

（6）所有稀释度的平板菌落数均不在30～300CFU时的报告　若所有稀释度的平板菌落数均不在30～300CFU，其中一部分小于30CFU或大于300CFU时，则以最接近30CFU或300CFU的平均菌落数乘以稀释倍数计算（表5-3-6）。

表5-3-6　菌落计数与报告方式

例次	稀释液及菌落数			菌落总数（CFU/g或ml）	报告方式（CFU/g或ml）
	10^{-1}	10^{-2}	10^{-3}		
5	多不可计	305	12	30 500	31 000或$3.1×10^4$

2.菌落总数的报告

（1）所有平板上为蔓延菌落时的报告　若所有平板上为蔓延菌落而无法计数，则报告菌落蔓延。

（2）空白对照上有菌落生长时的报告　若空白对照上有菌落生长，则此次检测结果无效。

（3）称重取样单位报告　称重取样以CFU/g为单位报告。

二、大肠菌群MPN计数法

大肠菌群（coliform bacterid），是指在一定培养条件下，一群能发酵乳糖、产酸产气的需氧和兼性厌氧的革兰氏阴性无芽孢杆菌。

MPN法，是统计学和微生物学结合的一种定量检测法。待测样品经系列稀释并培养后，根据其未生长的最低稀释度与生长的最高稀释度，应用统计学概率论推算出待测样品中大肠菌群的最大可能数。

（一）大肠菌群MPN计数法检验程序

大肠菌群MPN计数法，按照《食品安全国家标准　食品微生物学检验　大肠菌群计数》（GB 4789.3—2016)进行。大肠菌群MPN计数法的检验程序主要分为：样品稀释→初发酵试验→复发酵试验→大肠菌群最可能数（MPN)报告（图5-3-33）。

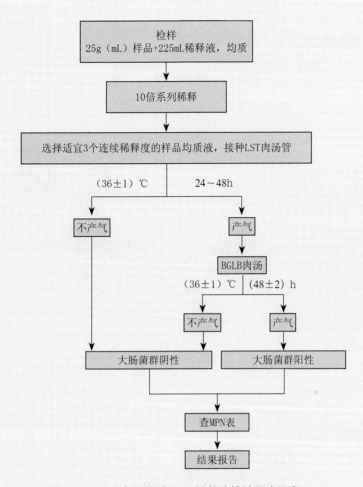

图5-3-33　大肠菌群MPN计数法检验程序示意

（二）操作步骤

1.样品处理与稀释　样品处理与10倍系列稀释方法与菌落总数测定相同。样品匀液pH应在6.5~7.5，可用1 mol/L NaOH或1 mol/L HCl调节。

注意：从制备样品均质液至样品接种完毕，全过程不得超过15min。

2.初发酵试验

（1）接种　每个样品选择3个连续稀释度的样品均质液，每个稀释度接种3管月桂基硫酸盐胰蛋白胨(LST)肉汤，每管接种1mL（图5-3-34）。

（2）培养并观察　（36±1）℃培养（24±2）h，观察倒管内是否有气泡产生。（24±2）h产气者（图5-3-35A、C），做复发酵试验；（24±2）h未产气者，则继续培养至（48±2）h，产气者进行复发酵实验。未产气者为大肠菌群阴性（图5-3-35B）。

图5-3-34　接种月桂基硫酸盐胰蛋白胨
　　　　　(LST)肉汤

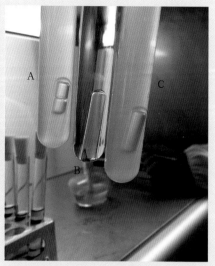

图5-3-35　观察LST肉汤倒管内气泡产
　　　　　生情况

A、C.产气管　B.未产气管

3.复发酵试验

（1）移种　用接种环从产气的月桂基硫酸盐胰蛋白胨（LST）肉汤管中分别取培养物1环，移种于煌绿乳糖胆盐(BGLB)肉汤管中（图5-3-36）。

（2）培养并观察　煌绿乳糖胆盐(BGLB)肉汤管经（36±1）℃培养（48±2）h，观察产气情况。未产气者，为大肠菌群阴性（图5-3-37B）；产气者，计为大肠菌群阳性管（图5-3-37A）。

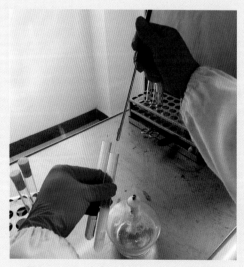

图5-3-36　产气者移种于BGLB肉汤管

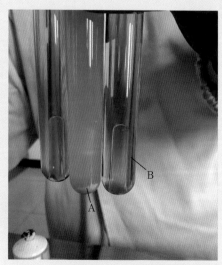

图5-3-37　BGLB管产气者阳性，不产
　　　　　气者阴性

A.产气管　B.未产气管

（三）大肠菌群最可能数(MPN)的报告

按复发酵试验确证的大肠菌群BGLB阳性管数，检索MPN表，报告每g(mL)样品中大肠菌群的MPN值。表5-3-7为每1g(mL)检测样品中大肠菌群最可能数（MPN）的检索表。

表5-3-7　每1g(mL)检测样品中大肠菌群最可能数（MPN）检索表

阳性管数			MPN	95%可信限		阳性管数			MPN	95%可信限	
0.10	0.01	0.001		下限	上限	0.10	0.01	0.001		下限	上限
0	0	0	<3.0	—	9.5	2	2	0	21	4.5	42
0	0	1	3.0	0.15	9.6	2	2	1	28	8.7	94
0	1	0	3.0	0.15	11	2	2	2	35	8.7	94
0	1	1	6.1	1.2	18	2	3	0	29	8.7	94
0	2	0	6.2	1.2	18	2	3	1	36	8.7	94
0	3	0	9.4	3.6	38	3	0	0	23	4.6	94
1	0	0	3.6	0.17	18	3	0	1	38	8.7	110
1	0	1	7.2	1.3	18	3	0	2	64	17	180
1	0	2	11	3.6	38	3	1	0	43	9	180
1	1	0	7.4	1.3	20	3	1	1	75	17	200
1	1	1	11	3.6	38	3	1	2	120	37	420
1	2	0	11	3.6	42	3	1	3	160	40	420
1	2	1	15	4.5	42	3	2	0	93	18	420
1	3	0	16	4.5	42	3	2	1	150	37	420
2	0	0	9.2	1.4	38	3	2	2	210	40	430
2	0	1	14	3.6	42	3	2	3	290	90	1 000
2	0	2	20	4.5	42	3	3	0	240	42	1 000
2	1	0	15	3.7	42	3	3	1	460	90	2 000
2	1	1	20	4.5	42	3	3	2	1 100	180	4 100
2	1	2	27	8.7	94	3	3	3	>1 100	420	—

注：本表采用3个稀释度[0.1g(mL)、0.01g(mL)和0.001g(mL)]，每个稀释度接种3管。

表内所列检样量如改用1g(mL)、0.1g(mL)和0.01g(mL)时，表内数字应相应降低10倍；如改用0.01g(mL)、0.001g(mL)和0.0001g(mL)时，则表内数字应相应增高10倍，其余类推。

三、大肠菌群测定

（一）大肠菌群测定程序

大肠菌群测定方法按照《食品微生物学检验　大肠菌群测定》（GB/T 4789.3—2003)进行。大肠菌群测定程序如图5-3-38所示。

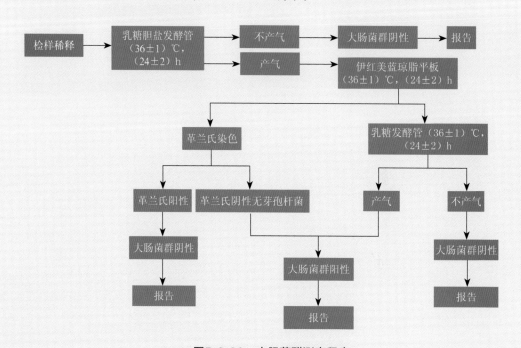

图5-3-38　大肠菌群测定程序

（二）检验方法

1. 检验样品稀释　稀释方法同大肠菌群计数。

2. 乳糖发酵试验　将待检样品接种于乳糖胆盐发酵管内，每稀释度接种3管，置（36±1）℃恒温培养箱内培养(24±2)h。

（1）所有乳糖胆盐发酵管都不产气者　如所有乳糖胆盐发酵管（36±1）℃培养（24±2）h都不产气，可报告大肠菌群阴性。

（2）产气者　如有产气者，则继续进行分离。

3. 分离培养　将产气的发酵管分别转种在伊红美蓝琼脂平板上（图5-3-39A），置（36±1）℃恒温培养箱内，18～24h取出观察菌落形态（图5-3-39B），并做革兰氏染色和验证试验。

4. 验证试验　在上述平板上挑取可疑大肠菌群菌落1～2个进行革兰氏染色，同时接种乳糖发酵管，置（36±1）℃培养（24±2）h，观察产气情况。凡乳糖管产气、革兰氏染色为阴性的无芽孢杆菌(注：革兰氏染色镜检，染成蓝紫色的为革兰氏阳性菌，染成红色的为革兰氏阴性菌)，即可报告为大肠菌群阳性。反之报告为大肠菌群阴性。

A   B

图5-3-39　大肠菌群在伊红美蓝琼脂平板上菌落特征

A.接种前培养基　B.接种培养后

5.报告　根据试验证实为大肠菌群阳性的管数，查MPN检索表，报告每100g(mL)大肠菌群的MPN值（表5-3-8）。

表5-3-8　大肠菌群最可能数(MPN)检索表

| 阳 性 管 数 | | | MPN | 95%可信限 | |
1g（mL）×3	0.1g（mL）×3	0.01g（mL）×3	100g（mL）	下限	上限
0	0	0	<30		
0	0	1	30	<5	90
0	0	2	60		
0	0	3	90		
0	1	0	30	<5	130
0	1	1	60		
0	1	2	90		
0	1	3	120		
0	2	0	60		
0	2	1	90		
0	2	2	120		
0	2	3	160		
0	3	0	90		
0	3	1	130		
0	3	2	160		

（续）

阳 性 管 数			MPN 100g（mL）	95%可信限	
1g（mL）×3	0.1g（mL）×3	0.01g（mL）×3		下限	上限
0	3	3	190		
1	0	0	40	<5	200
1	0	1	70	10	210
1	0	2	150		
1	0	3	150		
1	1	0	70	10	230
1	1	1	110	30	360
1	1	2	150		
1	1	3	240		
1	2	0	110	30	360
1	2	1	150		
1	2	2	200		
1	2	3	240		
1	3	0	160		
1	3	1	200		
1	3	2	240		
1	3	3	290		
2	0	0	90	10	360
2	0	1	140	30	370
2	0	2	200		
2	0	3	260		
2	1	0	150	30	440
2	1	1	200	70	890
2	1	2	270		
2	1	3	340		
2	2	0	210	40	470
2	2	1	280	100	1 500
2	2	2	350		
2	2	3	420		
2	3	0	290		
2	3	1	360		
2	3	2	440		
2	3	3	530		
3	0	0	230	40	1 200
3	0	1	390	70	1 300

（续）

| 阳性管数 | | | MPN | 95%可信限 | |
1g（mL）×3	0.1g（mL）×3	0.01g（mL）×3	100g（mL）	下限	上限
3	0	2	640	150	3 800
3	0	3	950		
3	1	0	430	70	2 100
3	1	1	750	140	2 300
3	1	2	1 200	300	3 800
3	1	3	1 600		
3	2	0	930	150	3 800
3	2	1	1 500	300	4 400
3	2	2	2 100	350	4 700
3	2	3	2 900		
3	3	0	2 400	360	13 000
3	3	1	4 600	710	24 000
3	3	2	11 000	1 500	48 000
3	3	3	≥24 000		

注：本表采用3个稀释度[1g(mL)、0.1g(mL)和0.01g(mL)]，每个稀释度接种3管。

表内所列检样量如改用10g(mL)、1g(mL)和0.1g(mL)时，表内数字应相应降低10倍；如改用0.1g(mL)、0.01g(mL)和0.001g(mL)时，则表内数字应相应增高10倍，其余类推。

四、沙门氏菌检验

（一）沙门氏菌检验程序

沙门氏菌检验方法，按照《食品安全国家标准 食品微生物学检验 沙门氏菌检验》（GB 4789.4—2016)进行。沙门氏菌检验程序如图5-3-40所示。

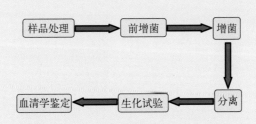

图5-3-40 沙门氏菌检验程序（示意）

（二）操作步骤

1.样品处理 样品处理同菌落总数测定。

2.前增菌 称取25g样品放入盛有225mL BPW(缓冲蛋白胨水）的无菌均质袋中，用拍击式均质器拍打1～2min，用1mol/mL无菌NaOH或HCl调pH至6.8±0.2。

无菌操作将样品转至500mL锥形瓶中，于（36±1）℃培养8~18h。如使用均质袋，可直接进行培养。如是冷冻产品，应在45℃不超过15min，或2~5℃不超过18h解冻。

3. 增菌　轻轻摇动培养过的样品混合物，移取1mL转种于10mL TTB(四硫磺酸钠煌绿）增菌液内，于（42±1）℃培养18~24h（图5-3-41）。同时另取1mL转种于10mL SC（亚硒酸盐胱氨酸）增菌液内（图5-3-42），于（36±1）℃培养18~24h。

图5-3-41　移取1mL样品混合物转种于TTB增菌液内　图5-3-42　同时取1mL样品混合物转种于SC增菌液内

4. 分离　分别用接种环取增菌液一环，划线接种于一个亚硫酸铋（BS）琼脂平板和一个木糖赖氨酸脱氧胆盐（XLD）琼脂平板，或HE琼脂平板、沙门氏菌显色培养基平板。木糖赖氨酸脱氧胆盐（XLD）琼脂平板、HE琼脂平板及DHL琼脂平板（图5-3-43）、沙门氏菌显色培养基平板（图5-3-45A），于（36±1）℃培养18~24h。BS琼脂平板培养40~48h。观察在各个不同选择性平板上生长的菌落特征（图5-3-44、图5-3-45B和图5-3-46）。

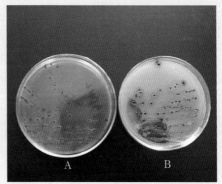

图5-3-43　接种前（HE、DHL）琼脂平板　图5-3-44　沙门氏菌在DHL和HE琼脂平板上的菌落特征

A.DHL琼脂平板　　B.HE琼脂平板

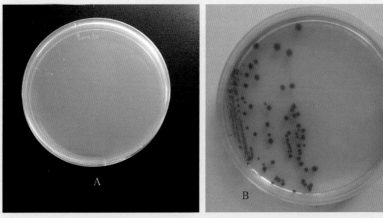

图5-3-45 沙门氏菌在显色培养基上的菌落特征

A.接种前培养基　　B.接种培养后

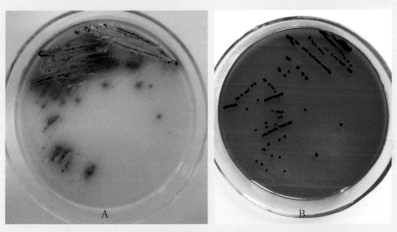

图5-3-46 沙门氏菌在BS和XLD琼脂平板上的菌落特征

A.BS琼脂平板　　B.XLD琼脂平板

沙门氏菌属在不同选择性琼脂平板上的菌落特征见表5-3-9。

表5-3-9 沙门氏菌属在不同选择性琼脂平板上的菌落特征

选择性琼脂平板	沙门氏菌
BS琼脂	菌落为黑色，有金属光泽，菌落周围培养基呈黑色或灰色；有些菌株形成灰绿色的菌落，周围培养基不变
HE琼脂	蓝绿色或蓝色，多数菌落中心黑色或几乎全黑色；有些菌株为黄色，中心黑色或几乎全黑色

（续）

选择性琼脂平板	沙门氏菌
XLD琼脂	菌落呈粉红色，带或不带黑色中心，有些菌株可呈现大的带光泽的黑色中心，或呈现全部黑色的菌落；有些菌株为黄色菌落，带或不带黑色中心
沙门氏菌属显色培养基	沙门氏菌（除伤寒沙门氏菌外）显亮红色

5.生化试验

（1）接种三糖铁和赖氨酸脱羧酶　用接种针，自选择性琼脂平板上分别挑取2个以上典型或可疑菌落，接种三糖铁琼脂（图5-3-47），先在斜面划线，再于底层穿刺；接种针不要灭菌，直接接种赖氨酸脱羧酶试验培养基和营养琼脂平板，于（36±1）℃培养18～24h，必要时可延长至48h。沙门氏菌属在三糖铁琼脂和赖氨酸脱羧酶培养基的反应结果见表5-3-10。

图5-3-47　三糖铁琼脂斜面培养基

表5-3-10　沙门氏菌属在三糖铁琼脂和赖氨酸脱羧酶实验培养基内的反应结果

三糖铁琼脂				赖氨酸脱羧酶实验培养基	初步判断
斜面	底层	产气	硫化氢		
K	A	+（−）	+（−）	+	可疑沙门氏菌属
K	A	+（−）	+（−）	−	可疑沙门氏菌属
A	A	+（−）	+（−）	+	可疑沙门氏菌属
A	A	+／−	+／−		非沙门氏菌
K	K	+／−	+／−	+／−	非沙门氏菌

注：K产碱（红色）；A产酸（黄色）；+阳性；−阴性；+（−）多数阳性，少数阴性；+／−阳性或阴性。

①三糖铁琼脂试验结果　沙门氏菌在三糖铁琼脂上，斜面产碱（深玫瑰红色），底层产酸"A"呈黄色，产气"+/（−）"，产生硫化氢"+"为黑色（图5-3-48）。

②赖氨酸脱羧酶试验结果　沙门氏菌在赖氨酸脱羧酶试验培养基上，通常呈阳性，不变色（图5-3-49）。

（2）其他生化试验　在接种上述生化试验培养基同时，接种蛋白胨水（靛基质

图5-3-48　沙门氏菌在三糖铁琼脂上反应结果

A1、A2.斜面产酸"A"，底层产气，未产生硫化氢
"−"；B.斜面产碱（深玫瑰红色），底层产酸"A"呈
黄色，产气"+/(−)"，产生硫化氢"+"为黑色；C.斜
面和底层产碱"K"，产生少量硫化氢"+"

图5-3-49　沙门氏菌在赖氨酸脱羧酶试验培
养基上反应结果

试验）、尿素琼脂（pH7.2）、氰化钾（培养基），于（36±1）℃培养18~24h，必要
时可延长至48h，按表5-3-11判定结果。将已挑菌落的平板贮存于2~5℃的环境下
至少保留24h，以备必要时复查。

（3）沙门氏菌属生化反应初步鉴别　沙门氏菌属生化反应初步鉴别结果见表5-3-11。
反应序号A1所示典型反应判定为沙门氏菌属。其他生化试验按照《食品安全国家标准
食品微生物学检验 沙门氏菌检验》（GB 4789.4—2016）规定方法进行。

表5-3-11　沙门氏菌属生化反应初步鉴别

反应序号	硫化氢（H_2S）	靛基质（加入欧波试剂）	尿素（pH7.2）	氰化钾（KCN）	赖氨酸脱羧酶
A1	+（黑色）	−（不变色）	−（不变色）	−（不生长）	+（红色）
A2	+（黑色）	+（液面接触处呈玫瑰红色）	−（不变色）	−（不生长）	+（红色）
A3	−（不变色）	+（液面接触处呈玫瑰红色）	−（不变色）	−（不生长）	+/−（红色或黄色）

注：+阳性；−阴性；+/−阳性或阴性。

6.血清学鉴定

（1）沙门氏菌O抗原的鉴定　用A~F多价O抗原血清（图5-3-50）做玻片凝集
试验，同时用生理盐水做对照（图5-3-51和图5-3-52）。在生理盐水中自凝者为粗
糙形菌株，不能分离。

（2）试验结果　在玻片上划出2个约1cm×2cm的区域，挑取一环待测菌，各放
1/2环于玻片上的每一区域上部，在其中一个区域下部加一滴多价菌体（O）抗血

清，在另一区域下部加入一滴生理盐水作为对照。再用无菌接种环分别将两个区域内的菌落研成乳状液。随将玻片倾斜摇动混合1min，在黑暗背景下观察。血清凝集者出现颗粒，生理盐水对照呈现均匀的混浊（图5-3-53）。

图5-3-50　沙门氏菌A～F多价O抗原血清

图5-3-51　玻片凝集试验，加入血清

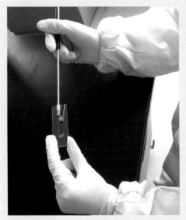

图5-3-52　加生理盐水对照试验

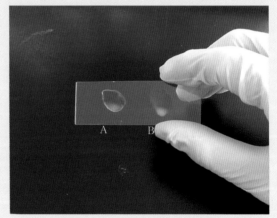

图5-3-53　血清凝集试验结果
A.凝集者出现颗粒　B.不凝集者呈均匀混浊

第四节　肉品中兽药残留的测定

本节主要介绍磺胺类药物残留的测定，按照《食品安全国家标准　动物性食品中13种磺胺类药物多残留的测定　高效液相色谱法》（GB 29694—2013）进行。肉品中兽药残留的测定，在没有测定能力的企业可委托第三方检测。

一、猪肉中兽药残留指标与试样的制备

（一）猪肉中兽药残留指标

猪肉产品中兽药残留指标，应符合《食品安全国家标准 鲜（冻）畜、禽产品》（GB 2707- 2016）的有关规定，相关检测方法和限量按照该标准3.3，3.4，3.5执行。

（二）试样的制备与保存

从全部样品中取样1 000g，充分搅碎，混匀，平均分成两份，密封作为试样，注明标记，于-18℃冷冻保存。

二、色谱测定流程

（一）测定流程

色谱测定程序如图5-4-1所示。

图5-4-1　色谱测定程序

1.装色谱柱　如图5-4-2所示。

图5-4-2　装色谱柱

2.加样　如图5-4-3所示。

图5-4-3　加样

3.参数设定　如图5-4-4所示。

4.进样　如图5-4-5所示。

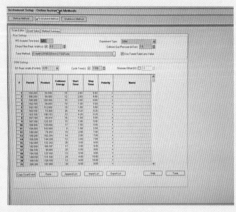

图5-4-4　参数设定

图5-4-5　进样

5.定性定量测定　绘制定量曲线图、标准图谱和样品图谱（图5-4-6、图5-4-7和图5-4-8）。

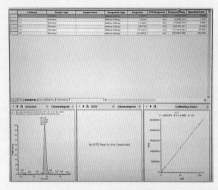

图5-4-6　定量曲线

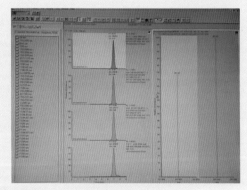

图5-4-7　标准图谱

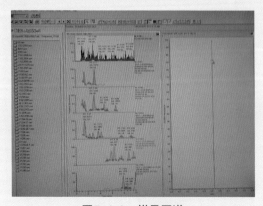

图5-4-8　样品图谱

6.平行试验、空白试验

（二）结果计算

计算结果时，注意扣除空白值。

三、磺胺类液相色谱-串联质谱法检测

（一）磺胺类液相色谱-串联质谱法

1.磺胺类液相色谱-串联质谱法检出限　见表5-4-1。

表5-4-1　磺胺类液相色谱-串联质谱法检出限

磺胺类化合物名称	检出限
磺胺甲噻二唑	2.5 $\mu g/kg$
磺胺醋酰、磺胺嘧啶、磺胺吡啶、磺胺二甲异噁唑、磺胺甲基嘧啶、磺胺氯哒嗪、磺胺-6-甲氧嘧陡、磺胺邻二甲氧嘧啶、磺胺甲基异噁唑	5.0 $\mu g/kg$
磺胺噻唑，磺胺甲氧哒嗪、磺胺间二甲氧嘧啶	10.0 $\mu g/kg$
磺胺对甲氧嘧啶、磺胺二甲嘧啶	20.0 $\mu g/kg$
磺胺苯吡唑	40.0 $\mu g/kg$

2.样品前处理　如图5-4-9所示。

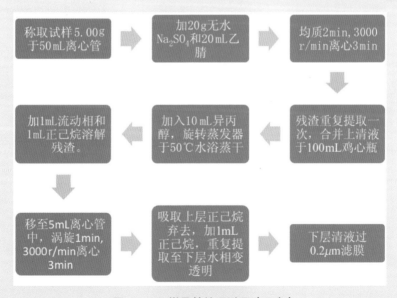

图5-4-9　样品前处理过程（示意）

3.色谱测定

4.液相色谱条件　如表5-4-2所示。

表5-4-2　液相色谱条件

色谱柱	流动相	流速	柱温	进样量	分流比
Lichrospher100RP-18,5 μm, 250 mm×4.6 mm(内径)	乙腈＋0.01mol/L乙酸铵溶液（12＋88）	0.8 mL/min	35℃	40 μL	1：3

5.质谱条件　如表5-4-3所示。

表5-4-3　质谱条件

离子源	扫描方式	检测方式	电喷雾电压	雾化气压力	气帘气压力	辅助气流速	离子源温度
电喷雾离子源	正离子扫描	多反应监测	5 500V	0.076MPa	0.069MPa	6 L/min	350℃

6.定性离子对、定量离子对、碰撞气能量和去簇电压　如表5-4-4所示。

表5-4-4　十六种磺胺的定性离子对、定量离子对、碰撞气能量和去簇电压

中文名称	英文名称	定性离子对(m/z)	定量离子对(m/z)	碰撞气能量（V）	去簇电压（V）
磺胺醋酰	sulfacetamide	215/156 215/108	215/156	18 28	40 45
磺胺甲噻二唑	sulfamethizole	271/156 271/107	271/156	20 32	50 50
磺胺二甲异噁唑	sulfisoxazole	268/156 268/113	268/156	20 23	45 45
磺胺氯哒嗪	sulfachloropyridazine	285/156 285/108	285/156	23 35	50 50
磺胺嘧啶	sulfadiazine	251/156 251/185	251/156	23 27	55 50
磺胺甲基异噁唑	sulfamethoxazole	254/156 254/147	254/156	23 22	50 45
磺胺噻唑	sulfathiazole	256/156 256/107	256/156	22 32	55 47

(续)

中文名称	英文名称	定性离子对(m/z)	定量离子对(m/z)	碰撞气能量（V）	去簇电压（V）
磺胺-6-甲氧嘧啶	sulfamonomethoxine	281/156 281/215	281/156	25 25	65 50
磺胺甲基嘧啶	sulfamerazine	265/156 265/172	265/156	25 24	50 60
磺胺邻二甲氧嘧啶	sulfadoxin	311/156 311/108	311/156	31 35	70 55
磺胺吡啶	sulfapyridine	250/156 250/184	250/156	25 25	50 60
磺胺对甲氧嘧啶	sulfameter	281/156 281/215	281/156	25 25	65 50
磺胺甲氧哒嗪	sulfamethoxypyridazine	281/156 281/215	281/156	25 25	65 50
磺胺二甲嘧啶	sulfamethazine	279/156 279/204	279/156	22 20	55 60
磺胺苯吡唑	sulfaphenazole	315/156 315/160	315/156	32 35	55 55
磺胺间二甲氧嘧啶	sulfadimethoxine	311/156 311/218	311/156	31 27	70 70

（二）液相色谱－串联质谱测定

用混合标准工作溶液分别进样，以工作溶液浓度（ng/mL)为横坐标，峰面积为纵坐标，绘制标准工作曲线，用标准工作曲线对样品进行定量。

在上述色谱条件和质谱条件下，十六种磺胺的参考保留时间见表5-4-5。

表5-4-5　十六种磺胺参考保留时间

药物名称	保留时间（min）	药物名称	保留时间（min）
磺胺醋酰	2.61	磺胺甲基嘧啶	9.93
磺胺甲噻二唑	4.54	磺胺邻二甲氧嘧啶	11.29
磺胺二甲异噁唑	4.91	磺胺吡啶	11.62
磺胺嘧啶	5.20	磺胺对甲氧嘧啶	12.66
磺胺氯哒嗪	6.54	磺胺甲氧哒嗪	17.28
磺胺甲基异噁唑	8.41	磺胺二甲嘧啶	17.95
磺胺噻唑	9.13	磺胺苯吡唑	22.29
磺胺－6－甲氧嘧啶	9.48	磺胺间二甲氧嘧啶	28.97

十六种磺胺混合标准总离子流如图5-4-10所示。结果计算（扣除空白值）。

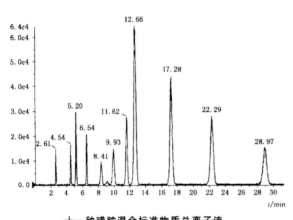

磺胺醋酰,2.61 min;
磺胺甲噻二唑,4.54 min;
磺胺嘧啶,5.20 min;
磺胺氯哒嗪,6.54 min;
磺胺甲基异噁唑,8.41 min;
磺胺甲基嘧啶,9.93 min;
磺胺吡啶,11.62 min;
磺胺对甲氧嘧啶,12.66 min;
磺胺甲氧哒嗪,17.28 min;
磺胺苯吡唑,22.29 min;
磺胺间二甲氧嘧啶,28.97 min

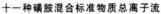

十一种磺胺混合标准物质总离子流

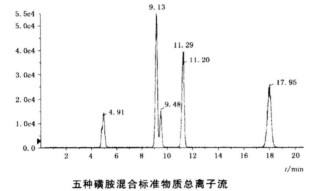

磺胺二甲异噁唑,4.91 min;
磺胺噻唑,9.13 min;
磺胺-6-甲氧嘧啶,9.48 min;
磺胺邻二甲氧嘧啶,11.29 min;
磺胺二甲嘧啶,17.95 min

五种磺胺混合标准物质总离子流

图5-4-10　十六种磺胺混合标准总离子流

第五节　"瘦肉精"的测定

一、"瘦肉精"的快速检测方法

"瘦肉精"的快速检测主要是指采用检测试纸卡（条），对宰前和宰后猪尿液进行快速检测。通常采用克伦特罗、莱克多巴胺、沙丁胺醇三联卡。

（一）宰前"瘦肉精"检测

1.选择性抽样法　为了检测"瘦肉精"猪，在卸猪台通往待宰圈的通道可建成坡度为30°～50°、长度30～50m的斜坡，进场猪全部通过斜坡通道进入待宰圈，可将爬坡困难的"瘦肉精"猪筛选出来，采集尿样进行检测。

2.随机抽样法　宰前随机接取生猪尿液进行检测。卸车时猪被轰下车，容易引起猪排尿，工作人员接取尿液进行检测。

3.检测方法　"瘦肉精"快检卡检测程序如图5-5-1所示。

图5-5-1　"瘦肉精"快检卡检测程序

(1)取尿液　操作人员手持接尿器（手柄长1.2m以上），前端固定接尿瓶，放在猪尿道口下方接尿10mL以上（图5-5-2），然后倒入样品管中（图5-5-3）。

（2）检测　从检测用样品吸管吸取尿液1mL（图5-5-4），垂直滴加2～3滴于快速检测试纸卡加样孔内（图5-5-5），液体流动时开始计时，反应5min进行检测结果判定。

（3）结果判定　对照示意图判定结果。

①阴性"－"结果　C线显红色，T线肉眼可见，无论颜色深浅均判为阴性（图5-5-6）。

②阳性"＋"结果　C线显色，T线不显色，或者T线隐约可见，判为阳性（图5-5-7）。

图5-5-2　宰前"瘦肉精"检测，取尿液

图5-5-3　尿样倒入样品管中

图5-5-4 宰前"瘦肉精"检测，吸管吸取尿液　　图5-5-5 将尿液滴到快速检测试纸卡加样孔内

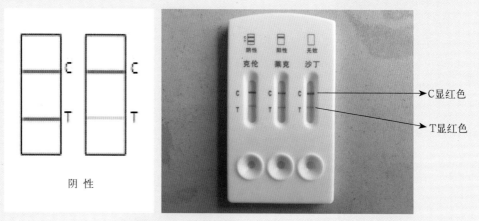

图5-5-6 阴性结果

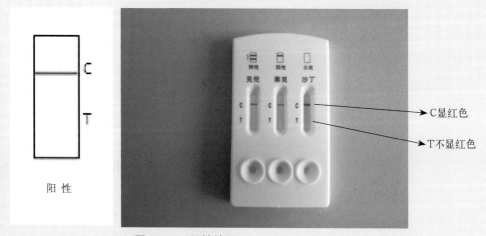

图5-5-7 阳性结果

③无效　C线不显色，无论T线是否显色，该试纸均判为无效，一般检测卡在过期的情况下容易出现无效结果（图5-5-8）。

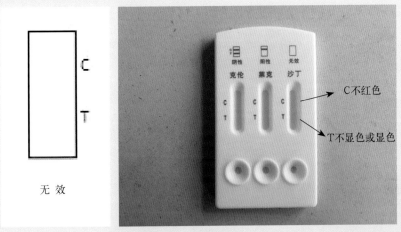

图5-5-8　无效结果

（4）检验后的处理　检验后要填写《屠宰场（厂）"瘦肉精"自检记录》（表5-5-1），并出具检验报告。检测阴性的准予屠宰；阳性的送样复检，复检仍为阳性的全部销毁处理。

表5-5-1　屠宰场厂"瘦肉精"自检记录（供参考）

日期	来源	畜主	数量	检疫证明编号	抽样头数	抽检生猪耳标号	检测项目及结果						检测人员
							盐酸克仑特罗		莱克多巴胺		沙丁胺醇		
							−	+	−	+	−	+	

注："−"代表阴性，"+"代表阳性，对应列填写数量。

（二）宰后"瘦肉精"检测

1.宰后"瘦肉精"检测方法

（1）取膀胱　左手握住膀胱颈，右手持刀，在左手上方5cm处，将膀胱颈割断

（图5-5-9），取下膀胱后并编号，用拇指和食指将膀胱颈捏紧，避免尿液涌出。然后将其递给检验人员（图5-5-10）。抽取尿液后，将与胴体编号一致的膀胱放到盘内待查（图5-5-11）。

（2）抽取尿液与检测　一个人手握膀胱颈，另一人用样品吸管插入膀胱颈内，吸取尿液1mL（图5-5-12），立即滴到快速检测试纸卡样品孔内进行检测（图5-5-13）。

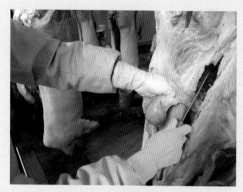

图5-5-9　割膀胱

图5-5-10　将膀胱交给检验人员

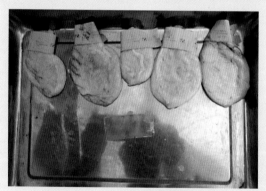

图5-5-11　膀胱与胴体编同一号码

图5-5-12　抽取尿液

图5-5-13　将尿液滴到快速检测试纸卡加样孔内

（3）结果判定　见本节宰前"瘦肉精"检测部分。

2.检验后的处理

（1）检验后报告　检验后要记录并出具检验报告，根据检验结果做出处理。

（2）检测结果为"－"阴性　检测结果为阴性的准予屠宰加工。

（3）检测结果为"＋"阳性　检测结果为阳性的检验人员要在屠体或胴体上盖"可疑病猪"章，并将其从主轨道上转入"病猪轨道"，送入"病猪间"。再次取样复检，复检仍为阳性的全部做销毁处理。未屠宰的同群猪赶入隔离圈逐头取样检测。

二、酶联免疫法（ELISA筛选法）

检测方法按照国家标准《动物性食品中克伦特罗残留量的测定》（GB/T 5009.192—2003）进行。

（一）样品前处理

1.组织样品　组织样品打碎后，称取2.0g均浆样本置50mL聚苯乙烯离心管中→加入6mL组织样本提取液（乙腈溶液）→振荡摇匀约10min→4 000r/min离心10min→取上清液1mL（pH 6~8）→加入2mL 1mol氢氧化钠、6mL乙酸乙酯→振荡，各离心10min→吹干（或在旋转蒸发器上浓缩至近干）→溶解残留物、过滤、洗涤定容至刻度。

2.尿液样品　取50μL清亮尿液样品，如尿液混浊需过滤或4 000r/min以上离心10min，暂不使用样本需冷冻保存。

（二）检测方法

1.检测程序　酶联免疫法测定动物性食品中克伦特罗残留量的程序如图5-5-14所示。

图5-5-14　酶联免疫法测定程序

2.检测方法

（1）编号　将标准品和样品，对应微孔按序编号，每个样品和标准品均需做2孔平行。

（2）加标准品及样品　加标准品及样品于对照微孔吸板中，各50μL（图5-5-15和图5-5-16），加酶标物50μL（图5-5-17），加抗体工作液50μL（图5-5-18）。

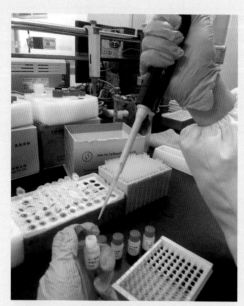

图5-5-15　加标准品于微孔吸板中

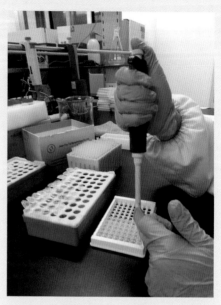

图5-5-16　加样品

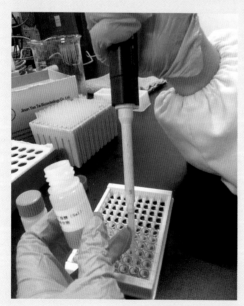

图5-5-17　加酶标物

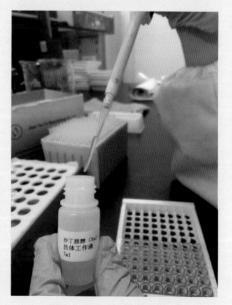

图5-5-18　加抗体工作液

（3）盖板　盖板膜盖板后置25℃环境反应20~30min（图5-5-19）。

（4）吸板　小心揭开盖板膜将孔内液体甩干（图5-5-20）。

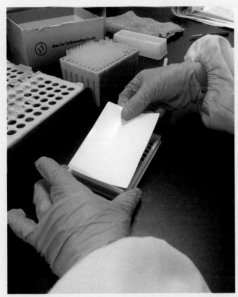
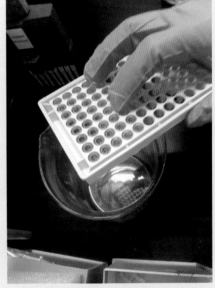

图5-5-19　盖板膜盖板　　　　　　　　图5-5-20　吸板甩干

（5）洗板拍干　用洗涤工作液按250μL/孔洗板4次，每次浸泡30s，吸水纸上拍干（图5-5-21、图5-5-22和图5-5-23）。

（6）显色　加入底物A液和B液各50μL/孔（图5-5-24和图5-5-25），轻轻振摇混匀，用盖板膜盖板后置25℃避光环境中反应15min。颜色由深到浅（图5-5-26）。

图5-5-21　洗板　　　　　图5-5-22　再次洗板　　　　图5-5-23　用毛巾或吸水纸
　　　　　　　　　　　　　　　　　　　　　　　　　　　　　　　拍干

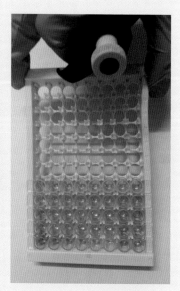

图5-5-24　加入底物A液　　　　图5-5-25　加入底物B液　　　　图5-5-26　颜色由深到浅

　　（7）测定　加入终止液50μL/孔，轻轻振摇混匀（图5-5-27），反应颜色由蓝变黄（图5-5-28）；设定酶标仪于450nm波长处测量吸光度值（图5-5-29），酶标仪检测5min内读取数据，测定每孔OD值（图5-5-30）。

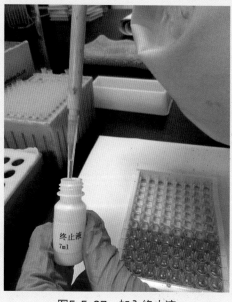
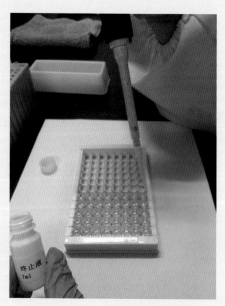

图5-5-27　加入终止液　　　　　　　图5-5-28　反应颜色由蓝变黄

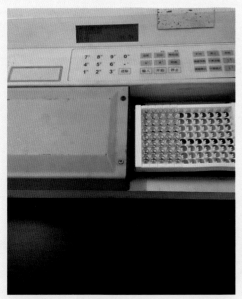

图5-5-29　设定酶标仪于450nm波长处
测量吸光度值

图5-5-30　酶标仪检测读取数据

（8）定性分析　用样本的平均吸光度值与标准值比较，即可得出其浓度范围（图5-5-31）。

图5-5-31　样本的平均吸光度值与标准值比较

（9）结果判定　样品中的"瘦肉精"含量，单位为微克每千克或微克每升（$\mu g/kg$ 或$\mu g/L$），按公式计算。

①吸光度比值%计算公式　各标准品（或样品）的平均吸光度值，除以零标[浓度为0μg（ppb）的标准品]吸光度值，乘以100，可以得到各标准品对应的吸光度的百分比，即：吸光度比值（%）=标准品（或样品）的平均吸光度/零标的吸光度值×100。

②在半对数系统中与对应浓度拟合标准曲线　将各标准品所得值输入半对数系统中，与对应浓度拟合标准曲线。

③待测样品的吸光度的百分比代入标准曲线　将待测样品的吸光度的百分比代入标准曲线，可得出样品的稀释倍数与样品实际残留量（图5-5-32）。

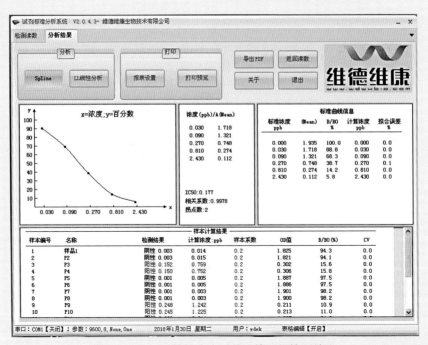

图5-5-32　OD值输入半对数系统所得检测结果

（10）精密度　在重复性条件下获得的两次独立测定结果的绝对差值不得超过算数平均值的20%。

三、液相色谱-串联质谱测定

色谱柱：Waters ATLANICS C_{18}柱，150mm×2.1mm（内径），黏度5μm。

流动相：A：0.1%甲酸/水，B：0.1甲酸/乙腈。

1.以色谱峰面积按内标法定量　上述色谱条件参考保留时间见表5-5-2。

表5-5-2　参考保留时间

被测物	参考保留时间（min）	被测物	参考保留时间（min）
沙丁胺醇	6.16	特布他林	17.47
塞曼特罗	6.24	塞布特罗	18.72
莱克多巴胺	7.01	克仑特罗	18.77
溴代克仑特罗	11.07	溴布特罗	23.11
苯氧丙酚胺	14.65	马布特罗	6.10
马贲特罗	15.66	克伦特罗-D$_9$	15.60
沙丁胺醇-D$_3$	16.52		

2.标准溶液的液相色谱串联质谱　如图5-5-33所示。

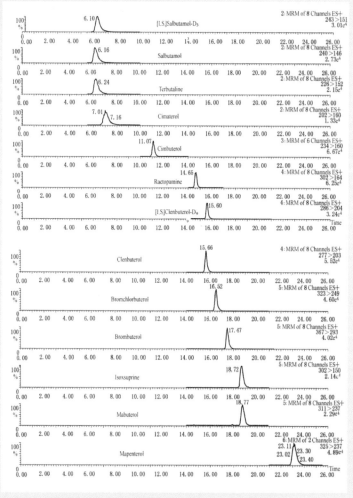

图5-5-33　标准溶液的液相色谱-串联质谱

3.液相色谱-串联质谱确证 如果检出的质量色谱峰保留时间与标准样品一致,且在扣除背景后的样品谱图中,各定性离子的相对丰度与浓度接近的同样条件下得到的标准溶液谱图相比误差不超过表5-5-3规定的范围,则可判定样品中存在对应的被测物。

表5-5-3 定性确证时相对离子丰度的最大允许偏差

相对离子丰度	>50%	>20%~50%	>10%~20%	≤10%
允许的最大偏差	±20%	±25%	±30%	±50%

空白试验除不加试样外,均按上述测定步骤进行。

4.结果计算 计算结果应扣除空白值。检出限0.5μg/kg。

第六节 肉品水分测定

一、试样制备

剔除脂肪、筋、腱的肌肉组织不少于200g作为检样。冻肉自然解冻。用孔径不大于4mm的绞肉机至少绞两次并混匀,肉样于密闭容器内保存(图5-6-1)。绞好的试样应尽快分析,若不立即分析,应密封冷藏贮存。

二、直接干燥法

测定方法按照《食品安全国家标准 食品中水分的测定》(GB 5009.3—2016)进行。

(一)测定程序
直接干燥法测定程序如图5-6-2所示。

图5-6-1 绞样

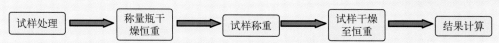

试样处理 → 称量瓶干燥恒重 → 试样称重 → 试样干燥至恒重 → 结果计算

图5-6-2 直接干燥法测定程序

（二）操作方法

1.称量瓶干燥、冷却至恒重 称量瓶在恒温干燥箱内（103±2）℃烘烤1h（图5-6-3，置于冷却器冷却0.5h称重（图5-6-4），并重复干燥至前后两次连续称量结果之差不超过2mg，即为恒重（图5-6-5和图5-6-6）。

图5-6-3 烘烤称量瓶

图5-6-4 称量瓶干燥冷却

图5-6-5 称量瓶重复干燥冷却

图5-6-6 称量瓶干燥至恒重并记录

2.肉样的称取、干燥及冷却至恒重 称取 2～10g 试样（精确至0.0001g），放入此称量瓶中，试样厚度不超过 5mm，加盖，精密称量后（图5-6-7），将称量瓶及肉样移入（103±2）℃干燥箱中烘干2h取出（图5-6-8），放入干燥器中冷却至室温，精确称量（图5-6-9和图5-6-10）。再放入干燥箱中烘干1h，并重复上述操作，直至前后两次连续称量结果之差不超过2mg，即为恒重。注意：两次恒重值在最后计算中，取最后一次的称量值。

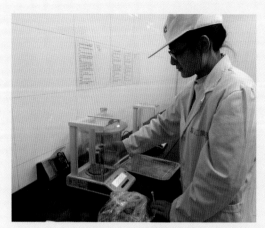

图5-6-7 称肉样

图5-6-8 肉样烘干2h后取出

图5-6-9 干燥、冷却

图5-6-10 每烘干一次冷却后称重

3.样品干燥后的质量计算 试样中的水分含量，按下式进行计算：

$$X = (m_2 - m_3) / (m_2 - m_1) \times 100$$

式中：

X——样品中的水分含量，单位为克每百克（g/100g）；

m_1——称量瓶（玻璃棒和海砂）的质量，单位为克（g）；

m_2——干燥前试样和称量瓶（玻璃棒和海砂）的质量，单位为克（g）；

m_3——干燥后试样和称量瓶（玻璃棒和海砂）的质量，单位为克（g）；

100——单位换算系数。

当平行分析结果符合精密度的要求时，则取两次测定的算数平均值作为结果，精确到0.1%。计算结果保留三位有效数字。

4.精密度 在重复性条件下（在同一实验室，由同一操作者在短暂的时间间隔内、同一设备对同一试样）获得的两次独立测定结果的绝对差值不得超过10%。

三、蒸馏法

蒸馏法是利用食品（样品）中水分的物理化学性质，使用水分测定器将食品中的水分与甲苯或二甲苯共同蒸出，根据接收的水的体积计算出试样中水分的含量。测定方法按照《食品安全国家标准 食品中水分的测定》（GB 5009.3—2016)进行。

（一）试样、试剂与仪器

1.试样制备 试样制备，同本节"一、试样制备"。

2.试剂

（1）试剂 甲苯（C_7H_8）或二甲苯（C_8H_{10}）。

（2）试剂配制 甲苯或二甲苯制备：取甲苯或二甲苯，先以水饱和后，分去水层，进行蒸馏，收集馏出液备用。

3.仪器

（1）水分测定器 如图5-6-11所示（带可调电热套）。水分接收管容量5mL，最小刻度值0.1mL，容量误差小于0.1mL。

（2）天平 感量0.1mg。

（二）测定方法

1.称样并加入甲苯 准确称取适量试样放入250mL蒸馏瓶中，试样量应使最终蒸出的水在2~5mL，加入新蒸馏的甲苯（或二甲苯）75mL。

2.测定

（1）连接冷凝管与水分接收管 如图5-6-12所示。

（2）注入甲苯 从冷凝管顶端加入注入甲苯，装满水分接收管（图5-6-13）。

（3）加热蒸馏 使每秒钟的馏出液为2滴，待大部分水分蒸出后，加速蒸馏约每秒钟4滴。

（4）冲洗处理 当水分全部蒸出，即接收管内的水体积不再增加时，从冷凝管顶

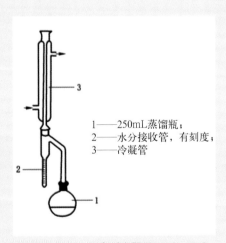

1——250mL蒸馏瓶；
2——水分接收管，有刻度；
3——冷凝管

图5-6-11 水分测定器装置（示意）

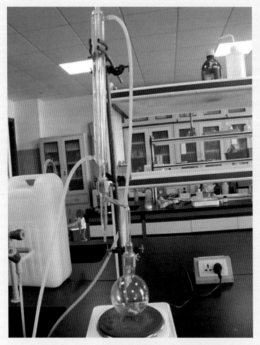

图5-6-12　连接冷凝管与水分接收管

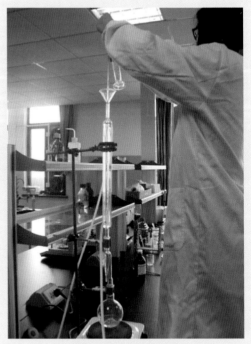

图5-6-13　注入甲苯

(曲道峰，2018)

端加入甲苯冲洗。如冷凝管壁附有水滴，可用附有小橡皮头的铜丝擦去，再蒸馏片刻至接收管上部及冷凝管壁无水滴附着。

（5）读取接收管水层的容积　接收管水平面保持10min不变为蒸馏终点，读取接收管水层的容积。

（6）试剂空白　同时做甲苯（或二甲苯）的试剂空白，读取接收管水层的容积。

3.分析结果的表述与报告

（1）计算方法　试样中水分的含量，按下式进行计算：式中：

$$X = \frac{V - V_0}{m} \times 100$$

式中：

X ——试样中水分的含量，单位为毫升每百克（mL/100g）；

V ——接收管内水的体积，单位为毫升（mL）；

V_0 ——做试剂空白时接收管内水的体积，单位为毫升（mL）；

m ——试样的质量，单位为克（g）；

100——单位换算系数。

（2）结果报告　以重复性条件下获得的两次独立测定结果的算术平均值表示，

结果保留三位有效数字报告。

四、红外线快速检测仪干燥法

（一）设定干燥加热温度

接通电源并打开开关，水分分析仪设定干燥加热温度为105℃，加热时间为自动。

（二）操作方法

打开样品室罩，取一样品盘置于红外线水分分析仪的天平架上，并回零（图5-6-14）。

1.加样、干燥　打开样品室罩，取出样品盘，加入样品5g，样品均匀铺于盘上，再放回样品室。随后关闭样品室罩加热干燥（图5-6-15和图5-6-16）。

2.读数并记录水分含量　待完成干燥后，读取数字显示屏上的水分含量（图5-6-17），或自动打印出水分含量。

3.测定结果描述

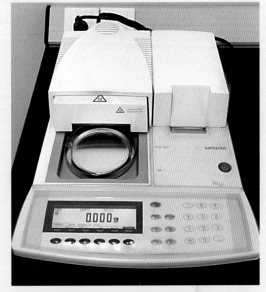

图5-6-14　打开样品室罩回零

（1）鲜、冻猪肉水分指标　鲜、冻猪肉水分指标应符合《畜禽肉水分限量》（GB 18394—2001）《鲜、冻片猪肉》（GB 9959.1—2001）和《分割鲜、冻猪瘦肉》（GB/T 9959.2—2008）的规定（表5-6-1）。

图5-6-15　加入样品　　　　　　图5-6-16　关闭样品室罩干燥

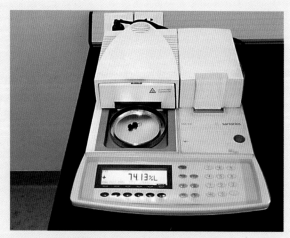

图5-6-17　加热干燥后读数

表5-6-1　鲜、冻猪肉水分指标

项目	指标
鲜、冻猪肉水分含量	≤ 77%

（2）鲜、冻猪肉的水分含量计算

$$X = (m_1 - m_2) + m_2 \times c \ / \ m_1 \times 100$$

式中：

X——鲜、冻猪肉的水分含量，单位为克每百克（g/100g）；

m_1——解冻前样品重，单位为克（g）；

m_2——解冻后样品重，单位为克（g）；

c——解冻后样品水分含量，单位为克每百克（g/100g）；

100——单位换算系数。

计算结果保留三位有效数字。

（3）结果表示方式　结果表示方式为0～100%。读数精度0.01%，称量范围0～30g，称量精度1mg。

4.报告　鲜、冻猪肉水分含量的检测结果，以实际数值为克每百克（g/100g），按照国家标准《鲜、冻片猪肉》（GB 9959.1—2001）和《分割鲜、冻猪瘦肉》（GB/T 9959.2—2008）有关水分含量的标准判定结果并报告。

第六章

生猪屠宰检验检疫记录及
证章使用

第一节　生猪屠宰检验检疫记录

　　生猪屠宰检验检疫工作记录是规范检验检疫操作的重要手段，也是食品安全可追溯体系建设和痕迹化管理的内在要求。其最大的优点就是通过查证保留下来的文字、图片、实物、电子档案等资料，准确还原检验检疫的操作过程和结果。根据《生猪屠宰管理条例》《生猪屠宰检疫规程》和《生猪屠宰产品品质检验规程》的规定，生猪屠宰检验检疫记录主要由定点屠宰厂（场）和动物卫生监督机构来记录和存档。

一、定点屠宰厂（场）应当建立的记录

（一）记录的内容

　　按照《生猪屠宰管理条例》和《生猪屠宰产品品质检验规程》的规定，生猪定点屠宰厂（场）每天如实记录如下内容，记录保存期限不得少于2年。

　　1.屠宰生猪来源，包括头数、产地、货主等。

　　2.生猪产品流向，包括数量、销售地点、销售市场或单位等。

　　3.肉品品质检验，包括宰前检验和宰后检验内容。

　　4.病猪和不合格生猪产品的处理情况。

（二）不同岗位的记录

　　1.生猪进场记录

　　⑴填写《生猪进厂（场）验收和宰前检验记录》（表6-1-1）。

　　⑵填写《屠宰场"瘦肉精"自检记录》（表6-1-2）。

　　2.生猪待宰记录

　　⑴按规定进行检疫申报，填写《动物检疫申报单》申报联。

　　⑵填写《生猪进厂（场）验收和宰前检验记录》（表6-1-1）。

　　3.生猪屠宰检验记录　填写《动物屠宰和宰后检验记录》（表6-1-3）。

　　4.无害化处理记录

　　（1）填写《病害猪无害化处理记录》（见表6-1-4）。

　　（2）填写《病害猪产品无害化处理记录》（表6-1-5）。

　　5.生猪产品出场记录　填写《动物产品出场记录》（表6-1-6）。

　　6.消毒记录　填写《运载工具消毒记录》（表6-1-7）。

表6-1-1　动物进厂（场）验收和宰前检验检疫记录（供参考）

表单编号：　　　　　　　　　　　　　　　　　　　　　数量单位：头

动物进场							宰前检验检疫				签字
进场时间（月、日、时）	动物货主名称及联系方式	进场数量	自营或代宰	产地（省、市、县）	动物检疫合格证明编号	待宰前死亡动物数量	急宰数量	病害动物处理数量	无害化处理原因及方式	准宰数量	

填表说明：按照每日进场动物的批次顺序登记相关信息；待宰前死亡动物数量指对送至屠宰场时已死的动物进行无害化处理的数量，病害动物处理数量指对病活动物、进入待宰圈后死亡（病死或死因不明）的动物进行无害化处理的数量；无害化处理方式一般包括高温、焚烧等；按月、季度或年度汇总装订存档，本记录表保存期限不少于2年。

表6-1-2　屠宰场"瘦肉精"自检记录（供参考）

日期	来源	畜主	数量	检疫证明编号	抽样头数	抽检生猪耳标号	检测项目及结果						检测人员
							盐酸克仑特罗		莱克多巴胺		沙丁胺醇		
							−	+	−	+	−	+	

注："−"代表阴性，"+"代表阳性，对应列填写数量。

表6-1-3 动物屠宰和宰后检验检疫记录（供参考）

数量单位：头

屠宰时间（月、日、时）	动物货主名称	屠宰数量	宰后检验检疫				合格数量	签字
			不合格					
			病害动物处理数量	病害动物产品处理数量（千克）	无害化处理原因及方式			

填表说明：按照每日屠宰动物的批次顺序登记相关信息；病害动物处理数量指病害动物无害化处理数量，病害动物产品处理数量指经检疫或肉品品质检验确认不可食用的动物产品进行无害化处理的数量；不合格产品处理包括组织病变、皮肤和器官病变、肿瘤病变、色泽异常肉等不符合质量要求的肉品，无害化处理方式一般包括高温、焚烧等；按月、季度或年度汇总装订存档，本记录表保存期限不少于2年。

表6-1-4 病害猪无害化处理记录（供参考）

单位：（公章）　　　　　　　　　　　　　　　　　　　　日期：　　年　　月　　日

货主	处理原因	处理头数	处理方式	肉品品质检验人员或检疫人员签字	无害化处理人员签字	货主签字

填表人：　　　　　　生猪定点屠宰厂（场）负责人：　　　　　　　　监督人：

表6-1-5 病害猪产品无害化处理记录（供参考）

单位：(公章) 　　　　　　　　　　　　　　　　　　　日期： 年 月 日

货主	产品（部位）名称	处理原因	处理数量（千克）	折合头数	处理方式	肉品品质检验人员或检疫人员签字	无害化处理人员签字	货主签字

填表人：　　　　　　生猪定点屠宰厂（场）负责人：　　　　　　监督人：

表6-1-6 动物产品出场记录（供参考）

出场日期（月、日）	购货业主姓名及联系方式	销售品种	数量（头或千克）	销售市场或单位	动物检疫合格证明编号	肉品品质检验合格证编号	动物来源（动物货主名称）	登记人员签字

　　填表说明：按照每日销售动物产品的批次顺序登记相关信息；销售品种一般包括白条肉、分割肉等，销售市场或单位一般包括经营户、肉商姓名，或者农贸市场、超市、专卖店及企业、学校、宾馆饭店等鲜肉销售网点名称；按月、季度或年度汇总装订存档，本记录表保存期限不少于2年。

表6-1-7 运载工具消毒记录（供参考）

时间	消毒车辆牌号	消毒药品	司机签名	消毒人员签名	备注

二、动物卫生监督机构应当建立的记录

《屠宰检疫工作情况日记录表》（表6-1-8）及《屠宰检疫无害化处理情况日汇总表》（表6-1-9）由驻场官方兽医每日填写，《皮、毛、绒、骨、蹄、角检疫情况记录表》（表6-1-10）由实施检疫的官方兽医填写。

表6-1-8 **屠宰检疫工作情况日记录**

动物卫生监督所（分所）名称：　　　　　　屠宰场名称：　　　　　　屠宰动物种类：

申报人	产地	入场数量(头、只、羽、匹)	入场监督查验		宰前检查		同步检疫			官方兽医姓名	备注
			临床情况	是否佩戴规定的畜禽标识	回收《动物检疫合格证明》编号	合格数(头、只、羽、匹)	不合格数(头、只、羽、匹)	合格数(头、只、羽、匹)	出具《动物检疫合格证明》编号	不合格并处理数(头、只、羽、匹)		
合计												

检疫日期：　　年　月　日

填写说明：

1. "申报人"：填写货主姓名。

2. "产地"：应注明被宰动物产地的省、市、县、乡及养殖场（小区）、交易市场或村名称。

3. "临床情况"：应填写"良好"或"异常"。

4. "官方兽医姓名"：应填写出具动物检疫合格证明或检疫处理通知单的官方兽医姓名。

5. 日记录表填写完成后需对各个项目进行汇总统计，录入合计栏。"入场数量""宰前检查合格数""宰前检查不合格数""同步检疫合格数""同步检疫不合格并处理数"录入合计数量，"产地""官方兽医姓名"录入不同的产地、官方兽医的个数，"回收动物检疫合格证明编号""出具《动物检疫合格证明》编号"录入回收《动物检疫合格证明》、出具《动物检疫合格证明》的总数。

表6-1-9 屠宰检疫无害化处理情况日汇总表

动物卫生监督所（分所）名称：　　　　　　　　　　　　　　　　　　　　　　屠宰场名称：

货主姓名	产地	《检疫处理通知单》编号	宰前检查		同步检疫		官方兽医姓名
			不合格数量（头、只、羽、匹）	无害化处理方式	不合格数量（头、只、羽、匹）	无害化处理方式	
合计							

检疫日期：　　年　　月　　日

填写说明：

1."产地"：应注明被处理动物产地省、市、县、乡及养殖场（小区）、交易市场或村名称。

2."无害化处理方式"：应填写焚烧、化制、掩埋、发酵等。

3."官方兽医姓名"：应填写出具动物检疫合格证明或检疫处理通知单的官方兽医姓名。

4.日汇总表填写完成后需对各个项目进行汇总统计，录入合计栏。"宰前检查不合格数量""同步检疫不合格数量"录入合计数量，"产地""官方兽医姓名"录入不同的产地、官方兽医的个数，"无害化处理方式"录入不同处理方式的数量，"《检疫处理通知单》编号"录入出具《检疫处理通知单》的总数。

表6-1-10 皮、毛、绒、骨、蹄、角检疫情况记录

动物卫生监督所（分所）名称：　　　　　　　　　　　　　　　　　　　　　　单位：枚、张、千克

检疫日期	货主	申报单编号	产品种类	产品数量	检疫地点	检疫方式	出具《动物检疫合格证明》编号	出具《检疫处理通知单》编号	到达地点	运载工具牌号	官方兽医姓名	备注

填写说明：

1."检疫地点"：现场检疫的，填写现场全称；指定地点检疫的，填写指定地点名称。

2."到达地点"：应注明到达地的省、市、县、乡、村或交易市场、加工厂名称。

3."官方兽医姓名"：应填写出具动物检疫合格证明或检疫处理通知单的官方兽医姓名。

4."检疫方式"：填写消毒。

三、生猪屠宰检验检疫记录填写要求

《农业部关于印发<动物检疫工作记录规范>的通知》(疫控(督)〔2013〕135号)文件要求,要进一步规范动物检疫操作,统一动物检疫记录格式,加强痕迹化管理,并对动物检疫工作记录的填写提出如下要求。

1.使用蓝色、黑色钢笔或签字笔填写。

2.逐一填写所列项目,不得漏项、错项。

3.填写准确规范,字迹工整清晰。

4.一经填写,不得涂改。

5.有条件的地方可以采用电子版形式。

6.按照时间顺序、记录类别分类保存,便于检索查询。

7.所有记录档案存档要保证完整,不得缺漏。

8.要有专人专柜保存。

9.存档时间符合相关规定,以满足相关核查的要求。

第二节　生猪屠宰检验检疫证章和标识、标志的使用

一、印章

生猪屠宰检验检疫印章包括"肉品品质检验印章"和"动物产品检疫印章"。

(一)肉品品质检验印章

包括"检验合格""检验不合格"和"种猪晚阉猪"肉品三类印章。

1.肉品品质检验合格印章　经肉品品质检验合格的生猪产品,由企业检验人员在胴体和《肉品品质检验合格证》上加盖肉品品质检验合格验讫印章。

肉品品质检验合格验讫印章分为大小两枚,大印章盖在胴体左右臀部;小印章盖在《肉品品质检验合格证》上(图6-2-1至图6-2-3)。

2.肉品品质检验不合格印章　检验后由企业检验人员在胴体上加盖与检验结果一致的如下四枚印章(图6-2-4)。

(1)"非食用"印章用于非人兽共患传染病、寄生虫病的病猪及产品;急性和慢

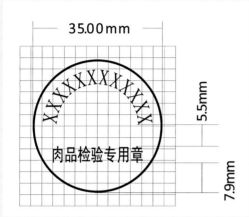

图6-2-1　肉品品质检验合格小印章样式及实物

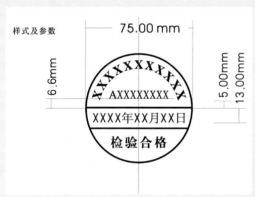

图6-2-2　肉品品质检验合格大印章样式及实物

图6-2-3　胴体检验印章

性中毒和严重放血不良的病猪及其产品；种用公猪以及黄疸和其他异色异味的胴体和内脏。

（2）"复制"印章用于母猪、晚阉猪的胴体进行深加工处理。

（3）"化制"印章用于非传染性疫病和放血不良的胴体进行高温化制处理。

（4）"销毁"印章用于人兽共患传染病和寄生虫病、"瘦肉精"和其他药残超标、肿瘤、尿毒症、脓毒症的病猪及产品，以及死因不明的尸体和严重变质的产品进行销毁处理。

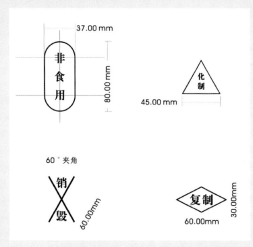

图6-2-4 病害猪及其产品无害化处理印章样式

3. 种猪和晚阉猪肉品印章 检验确认后由企业检验人员在相应胴体上加盖种猪和晚阉猪印章。"种猪肉品标识"和"晚阉猪肉品标识"各有大小两枚椭圆印章，大印章盖在胴体上，小印章盖在《肉品品质检验合格证》上（图6-2-5和图6-2-6）。

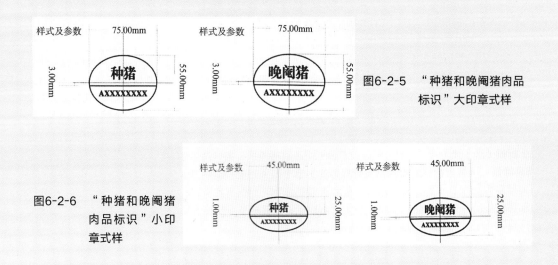

图6-2-5 "种猪和晚阉猪肉品标识"大印章式样

图6-2-6 "种猪和晚阉猪肉品标识"小印章式样

（二）动物产品检疫印章

动物产品检疫印章包括"检疫合格"和"检疫不合格"两类印章。

1.动物产品检疫合格印章　经检疫合格的肉品，由官方兽医在胴体背部的左右侧面，加盖"肉检验讫"滚长章，主要用于脱毛的白条猪（图6-2-7）。

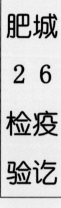

图6-2-7　"肉检验讫"滚章样式与实物

2.动物产品检疫不合格印章　经检疫不合格的肉品，由官方兽医在胴体上加盖不合格印章，共两枚（图6-2-8），并出具《检疫处理通知单》。

（1）"高温"印章三角形，用于非传染性疫病和需要高温化制的胴体。

（2）"销毁"印章长方形，用于人兽共患传染病、寄生虫病、化学物质超标、死因不明、严重变质，以及需要进行销毁处理的动物产品。

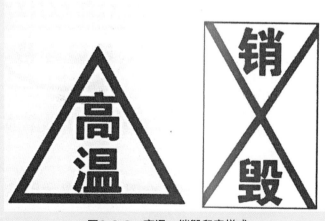

图6-2-8　高温、销毁印章样式

二、标识与标志

（一）标识

生猪标识是固定在生猪耳部的标识物，用于证明生猪的个体身份，记载着生猪个体信息（图6-2-9）。

图6-2-9　猪耳标

按照《畜禽标识和养殖档案管理办法》（农业部令第67号）的规定：动物卫生监督机构应当在生猪屠宰前，查验和登记生猪标识，屠宰厂应当在屠宰时回收该标识，交由动物卫生监督机构保存或销毁。同时还规定，屠宰检疫合格后，动物卫生监督机构应当在动物产品检疫标志中注明该标识的编码，以便追溯与查验。

（二）检验检疫合格标志

1. 肉品品质"检验合格"标志　经检验检疫合格的分割肉和包装猪肉产品，由企业检验检疫员在产品外包装上粘贴"检验合格"标志（图6-2-10）。

图6-2-10　肉品品质检验合格标志样式

2. "动物产品检疫合格"标志　"动物产品检疫合格"标志包括内包装标志（小标签）和外包装标志（大标签），两种标志图案相同，大小不一。

经检疫合格的分割和包装产品，由官方兽医在产品内包装上粘贴"动物产品检疫合格"的小标签标志（图6-2-11和图6-2-12)）；在产品外包装上粘贴"动物产品检疫合格"的大标签标志（图6-2-13和图6-2-14）。

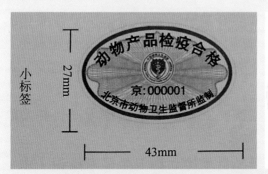

图6-2-11 "动物产品检疫合格"小标签

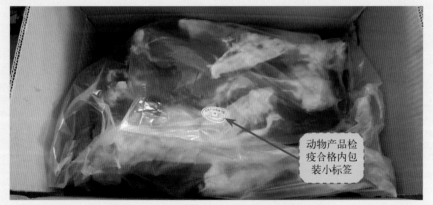

图6-2-12 "动物产品检疫合格"小标签实物

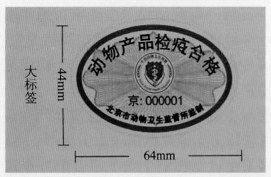

图6-2-13 "动物产品检疫合格"大标签

图6-2-14 "动物产品检疫合格"大标签实物

三、证明

（一）肉品品质检验合格证明

经检验合格的肉品，由企业检验部门负责出具《肉品品质检验合格证》。

2009年商务部印发了《关于印发肉品品质检验相关证章制作式样的通知》（商秩字〔2009〕11号），对生猪屠宰证章标识的使用进一步进行了规范。2013年生猪屠宰监管职责由商务部转到农业部，2015年农业部印发了《农业部办公厅关于生猪定点屠宰证章标识印制和使用管理有关事项的通知》（农办医〔2015〕28号）并要求：目前生猪定点屠宰证章标识印制和使用管理仍按照商务部的有关文件要求执行，并将《肉品品质检验合格证》上的监管部门改为农业部门。

《肉品品质检验合格证》分为两类：

1. 定点屠宰厂使用的合格证（图6-2-15、图6-2-16）。

图6-2-15 生猪肉品品质检验合格证样式（供定点屠宰企业用）

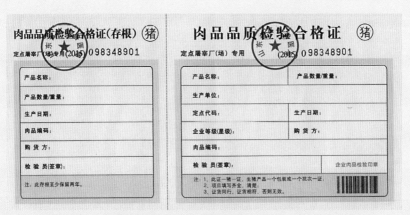

图6-2-16 生猪肉品品质检验合格证实物（供定点屠宰企业用）

2.小型定点屠宰点使用的合格证（图6-2-17）。

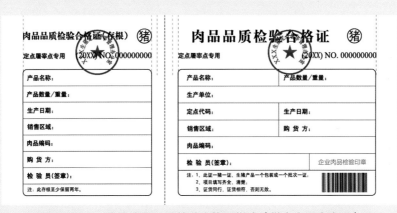

图6-2-17 生猪肉品品质检验合格证样式（供定点屠宰点用）

（二）动物检疫合格证明

经检疫合格的肉品，由官方兽医负责出具《动物检疫合格证明》。

2011年农业部进一步规范了《动物检疫合格证明》，共分为四类：

1.动物检疫合格证明

（1）《动物检疫合格证明（动物A）》用于跨省境销售或运输的动物（图6-2-18）。

（2）《动物检疫合格证明（动物B）》用于省内销售或运输的动物（图6-2-19）。

（3）《动物检疫合格证明（产品A）》用于跨省境销售或运输的动物产品（图6-2-20）。

（4）《动物检疫合格证明（产品B）》用于省内销售或运输的动物产品（图6-2-21）。

动物检疫合格证明（动物A）

编号：

货　主		联系电话	
动物种类		数量及单位	
启运地点	省　　市（州）　　县（市、区）　乡（镇）　村 （养殖场、交易市场）		
到达地点	省　　市（州）　　县（市、区）　　乡（镇） 村（养殖场、屠宰场、交易市场）		
用　　途		承　运　人		联系电话	
运载方式	□公路 □铁路 □水路 □航空		运载工具 牌号	
运载工具消毒情况	装运前经　　　　　　　消毒			

本批动物经检疫合格，应于＿＿＿＿＿日内到达有效。

官方兽医签字：＿＿＿＿＿＿
签发日期：　年　月　日
（动物卫生监督所检疫专用章）

牲畜 耳标号	
动物卫生监督 检查站签章	
备　注	

第 联

共 联

注：1.本证书一式两联，第一联由动物卫生监督所留存，第二联随货同行。

2.跨省调运动物到达目的地后，货主或承运人应在24小时内向输入地动物卫生监督机构报告。

3.牲畜耳标号只需填写后3位，可另附纸填写，需注明本检疫证明编号，同时加盖动物卫生监督机构检疫专用章。

4.动物卫生监督所联系电话：

图6-2-18　动物检疫合格证明（动物A）

动物检疫合格证明（动物B）

编号：

货主		联系电话	
动物种类		数量及单位	用途
启运地点	市（州）　　县（市、区）　　乡（镇） 村（养殖场、交易市场）		
到达地点	市（州）　　县（市、区）　　乡（镇） 村（养殖场、屠宰场、交易市场）		
牲畜 耳标号			

本批动物经检疫合格，应于当日内到达有效。

官方兽医签字：_____

签发日期：　年　月　日

（动物卫生监督所检疫专用章）

第
联

共
联

注：1.本证书一式两联，第一联由动物卫生监督所留存，第二联随货同行。

2.本证书限省境内使用。

3.牲畜耳标号只需填写后3位，可另附纸填写，并注明本检疫证明编号，同时加盖动物卫生监督所检疫专用章。

图6-2-19　动物检疫合格证明（动物B）

动物检疫合格证明（产品A）

编号：

货主		联系电话	
产品名称		数量及单位	
生产单位名称地址			
目的地	省　　市（州）　　县（市、区）		
承运人		联系电话	
运载方式	□公路□铁路□水路□航空		
运载工具牌号		装运前经＿＿＿＿消毒	
本批动物产品经检疫合格，应于＿＿＿＿日内到达有效。 官方兽医签字：＿＿＿＿＿＿ 签发日期：　年　月　日 （动物卫生监督所检疫专用章）			
动物卫生监督 检查站签章			
备注			

第二联　共二联

注：1.本证书一式两联，第一联由动物卫生监督所留存，第二联随货同行。
2.动物卫生监督所联系电话：

图6-2-20　《动物检疫合格证明（产品A）》

动物检疫合格证明（产品B）

编号：

货主		产品名称	
数量及单位		产地	
生产单位名称地址			
目的地			
检疫标志号			
备注			
本批动物产品经检疫合格，应于当日到达有效。 官方兽医签字： 签发日期：年 月 日 （动物卫生监督所检疫专用章）			

第
联

共
二
联

注：1.本证书一式两联，第一联由动物卫生监督所留存，第二联随货同行。
2.本证书限省境内使用。

图6-2-21 《动物检疫合格证明（产品B）》（农业部文件）

2.检疫（验）专业印章 经检疫合格的动物及动物产品，由官方兽医出具上述
动物检疫合格证明，签字并加盖卫生监督机构的检疫（验）专业印章（图6-2-22）。

图6-2-22 检疫（验）专用章样式

附表一 生猪屠宰主要疫病宰前和宰后特征性症状与病变

序号	疫病名称	宰前特征性症状	宰后特征性病变
1	口蹄疫	1.暴发性流行：猪牛羊同时发病。 2.群症状：高热，舌外伸，流涎、跛行。 3.三个部位有水疱或烂斑： （1）口腔黏膜； （2）乳房； （3）蹄部	1.三个部位有水疱或烂斑： （1）口腔黏膜（唇、舌、吻突）； （2）乳房； （3）蹄部（蹄冠、蹄踵、蹄叉）。 2.恶性：心肌坏死变性，"虎斑心"
2	猪瘟	1.高热，怕冷，挤卧，腰背拱起，便秘与下痢交替，粪尿恶臭。 2.全身皮肤出血点，指压不褪色	猪瘟特征性病变：全身性出血。 1.全身皮肤苍白，有针尖大出血点，逐渐融合成斑点状出血。 2.全身淋巴结被膜有出血点，肿大，切面大理石状。尤其颌下、支气管、肠系膜、肝门、腹股沟浅、髂内淋巴结等。 3.脾不肿大，边缘出血性梗死灶，黑红色。 4.肾脏出血呈"雀斑肾"，肾皮质、髓质点状出血和线状出血。 5.膀胱、输尿管、肾盂出血点。 6.喉、会厌软骨和扁桃体出血、坏死。 7.消化道黏膜出血，包括口腔粘膜，大小肠浆膜黏膜出血，胃底黏膜出血，有溃疡灶。 8.回肠末端、盲肠、结肠黏膜有"扣状肿"。 9.肺表面有纤维素附着。 10.心外膜、冠状沟、前纵沟、后纵沟及心内膜都有出血点
3	非洲猪瘟	高热、倦怠、食欲不振、精神委顿；呕吐，便秘、粪便表面有血液和黏液覆盖，或腹泻，粪便带血；可视黏膜潮红、发绀，眼、鼻有黏液脓性分泌物；耳、四肢、腹部皮肤有出血点；共济失调、步态僵直、呼吸困难或其他神经症状；妊娠母猪流产；或无症状突然死亡	浆膜表面充血、出血，肾脏、肺脏表面有出血点，心内膜和心外膜有大量出血点，胃、肠道黏膜弥散性出血。胆囊、膀胱出血。肺脏肿大，切面流出泡沫性液体，气管内有血性泡沫样黏液。脾脏肿大，易碎，呈暗红色至黑色，表面有出血点，边缘钝网，有时出现边缘梗死。下颌淋巴结、腹腔淋巴结肿大，严重出血

（续）

序号	疫病名称	宰前特征性症状	宰后特征性病变
4	经典猪蓝耳病	1.一年四季发病。 2.仔猪和繁殖母猪易感染，成年不明显。 3.躯体末端发绀，耳朵蓝紫，眼睑水肿。 4.高热，咳嗽，呼吸急促。 5.繁殖障碍：怀孕母猪流产，产死胎	病变主要发生于肺脏，以间质性肺炎为特点。 1.仔猪病变明显，其他猪不明显。 2.肺淤血、肿大，间质增宽，质地坚硬。 4.腹股沟浅淋巴结明显肿大
5	高致病性猪蓝耳病	1.春末开始，夏季暴发，传播迅速。 2.所有猪均可感染。 3.躯体末端蓝紫色：耳、外阴、乳头、尾部、胸腹下部和四肢末端。 4.高热、呼吸困难，后肢麻痹站立困难。 5.眼结膜发炎，双眼肿胀。 6.繁殖障碍：怀孕母猪流产，产死胎	所有猪病变明显，病理变化具有多样性： 1.肺膨大，暗红色，间质增宽，胸腔积液。 2.肝肿大，暗红或土黄色，质脆，胆囊扩张，胆汁黏稠。 3.脾肿，表面丘疹，有时边缘出血性梗死。 4.全身淋巴结肿大，灰白色，切面外翻
6	猪炭疽病	1.咽炭疽：高热，呼吸困难，咽喉、颈部、前胸急性红肿，即"腮大脖子粗"。 2.肠炭疽：高热，持续性便秘或血痢。 3.败血型炭疽：高热，可视黏膜发绀，粪便带血	1.咽炭疽： （1）咽喉部、颈部、前胸以及口腔急性肿胀，黏膜下组织胶样浸润； （2）下颌淋巴结肿大数倍，可达鸭蛋大，切面砖红色，脆而硬，刀割有沙砾感； （3）淋巴结周围胶样浸润； （4）扁桃体出血，表面有黑褐色坏死假膜。 2.肠炭疽： （1）小肠淋巴小结形成坏死灶，覆盖黑色或黄红色痂膜，或形成肠炭疽痈，痂膜脱落形成火山口溃疡； （2）邻近的肠黏膜胶样浸润； （3）肠系膜淋巴结出血、肿大，砖红色，脆而硬。 3.败血型炭疽： （1）尸僵不全，天然孔出血，肛门外翻；切口血管流出黑红色煤焦油样凝固不全的血液； （2）脾脏极度肿大，黑红色，柔软呈泥状，脾尾有红褐色结节即炭疽痈； （3）全身淋巴结肿大，暗红色。 4.肺炭疽： （1）膈叶肿块脆硬，暗红色，有黑色坏死灶； （2）支气管淋巴结肿大，砖红色，胶样浸润

（续）

序号	疫病名称	宰前特征性症状	宰后特征性病变
7	猪丹毒	1.急性型：高热，大片暗红色丹毒性红斑，指压褪色，即"大红袍"。 2.疹块型猪丹毒：高热，皮肤紫红色疹块，指压褪色，即"打火印"。 3.关节炎型：关节肿胀、变形，站立困难，跛行或卧地不起或犬坐姿势。 4.皮肤坏死型：皮肤坏死，有黑色结痂，耳朵、尾巴末梢或蹄壳坏死、脱落	1.急性型： （1）"大红袍""大红肾"； （2）脾明显肿大，樱桃红色，切面外翻，有"红晕"现象，刀刮有血粥样物； （3）全身淋巴结肿大，紫红色，切面隆突多汁，有斑点状出血。 2.亚急性疹块型：高于皮肤的紫红色或黑紫色疹块，指压褪色，俗称"打火印"。 3.慢性心内膜炎型：心脏瓣膜上有灰白色菜花样血栓性增生物，常发生于二尖瓣。 4.慢性关节炎型：常与心内膜炎型同时发生，四肢关节肿胀变形，关节液黄红色混浊，滑膜有红色绒毛样物质。 5.慢性皮肤坏死型：皮肤坏死，有黑色结痂，耳朵、尾巴末梢或蹄壳坏死、脱落
8	猪肺疫	1.咽喉肿胀坚硬，犬坐姿势，呼吸困难。 2.咳嗽，伸颈，张口，喘鸣。 3.全身皮肤淤血，有紫斑或出血点	本病主要病变发生于：肺脏和咽喉部。 1.下颌、咽后及颈部淋巴结高度肿大、出血，切面大理石样花纹样。 2.肺水肿，有大量红色肝变病灶和暗红色出血斑块，表面大理石样。 3.肺和胸膜覆纤维素性薄膜，肺与胸粘连。 4."绒毛心"。 5.胸腔积液、心包积液，腔内含有纤维蛋白混浊液
9	猪副伤寒	本病临床特征：皮肤发绀，顽固性腹泻。 1.高热，怕冷扎堆，腹痛尖叫。 2.耳、头、颈、腹等下部及四肢内侧皮肤发紫；眼结膜有脓性分泌物。 3.下痢，粪便粥样，灰白色、淡黄色、暗绿色，有恶臭，排便失禁，自然下流	1.大肠黏膜覆盖灰黄色或淡绿色麦麸样假膜。 2.肝脏肿大，表面和切面有副伤寒结节。 3.脾肿大硬似橡皮，暗紫色，切面有红晕。 4.肾肿大，出血点，肾盂、膀胱出血点。 5.全身淋巴结肿大、出血。 （1）急性副伤寒肠系膜淋巴结肿大明显； （2）慢性副伤寒肠系膜、咽后、肛门淋巴结明显肿大，切面灰白色脑髓样结构。 6.小肠壁菲薄，紫红色，内含大量气体

（续）

序号	疫病名称	宰前特征性症状	宰后特征性病变
10	猪Ⅱ型链球菌病	1.败血症型：高热，颈、胸腹下、会阴及四肢内侧皮肤有紫红色淤血斑和暗红色的出血点。 2.脑膜炎型：运动失调，四肢泳状运动。 3.关节炎型：关节肿大，破损流脓，跛行。 4.淋巴结脓肿型：颌下淋巴结、腮、颈肿大或破损排脓	1.败血症型： （1）肺、肝、脾、胃淋巴结肿大； （2）脾脏肿大1～3倍，呈巨脾症，区别副猪嗜血杆菌病； （3）肺脏膨大，有化脓性结节； (4)胸、腹腔器官覆盖纤维素渗出物，胸腹腔和心包腔内有淡黄色混浊液； (5)肾肿大，暗红色，出血点，膀胱出血点； (6)心外膜有大量鲜红出血斑点。 2.脑膜炎型：脑水肿，脑淤血，脑脊液增多。 3.关节炎型： （1）关节肿大变形，关节液混浊，有奶酪物；（2）关节软骨面糜烂，有多发性化脓灶。 4.淋巴结脓肿型： 腮部、颈部肿大，常见下颌淋巴结肿大，可见小脓灶
11	猪支原体肺炎	主要临床症状为咳嗽和气喘。 1.呼吸困难，喘鸣，阵咳。 2.腹式呼吸或犬坐姿势	主要病变：肺脏和支气管淋巴结。 1.尖叶、心叶、中间叶和膈叶前下缘呈"八"字形对称性"肉变"和"胰变"。 2.支气管和纵隔淋巴结肿大，切面灰白
12	副猪嗜血杆菌病	本病多因长途运输疲劳而继发感染，即"猪运输病"。 1.高热，呼吸困难，频率快，浅表呼吸。 2.全身皮肤淤血，四肢末端、耳部、胸背部蓝紫色。 3.关节肿胀，侧卧或震颤，驱赶时尖叫，跛行	1.特征性病变：全身浆膜覆盖纤维蛋白薄膜，包括胸、腹腔器官表面，胸膜和腹膜。 2.心包腔积液，胸腔积液，关节腔积液。 3.心外膜形成"绒毛心"，心外膜与心包粘连，心包积液。 4.关节肿大，关节面覆盖弹花样纤维蛋白。 5.颌下、股前、支气管、肝淋巴结肿大明显，切面灰白色
13	浆膜丝虫病（猪浆膜丝虫病）	1.猪浆膜丝虫为丝虫目双瓣科的丝虫。 2.体温升高，惊悸吼叫；剧烈湿咳，呼吸困难；离群独居，"五足拱地"	1.主要寄生于心脏的前、后纵沟和冠状沟部位的心外膜淋巴管内。 2.也寄生于肝、胆囊、膈肌、子宫及肺动脉基部的浆膜淋巴管内。 3.用针刺破包囊，可挑出白色的虫体
14	猪囊尾蚴病	1.一看：体型是否呈"肩宽臀大"哑铃状；查看眼球是否突出。 2.二模：触摸舌根、舌上下面，有无囊虫的黄豆粒大小的结节	1.猪囊尾蚴主要寄生于骨骼肌、心肌、脑、眼等处。 2.检验时，常采用剖检易感肌肉或血清学诊断的方法。 3.国标规定：宰后主要检验咬肌和腰肌

（续）

序号	疫病名称	宰前特征性症状	宰后特征性病变
15	旋毛虫病	宰前无明显临床症状	1.幼虫主要寄生于膈肌、咬肌、舌肌等。 2.视检被感染肌肉：可见虫体包囊为针尖大小的露滴状，半透明，乳白或灰白色。 3.压片镜检：包囊呈梭形，内有卷曲的1条或数条虫体。 4.按照国标：采集新鲜膈脚，感官检验后压片镜检

附表二　生猪屠宰主要不合格肉品宰前和宰后症状与病变

序号	项目		宰前特征性症状	宰后特征性病变
1	病死猪肉		病猪已死	1.弹性差，指压有凹陷不易复原，触摸切面有黏腻感。 2.血管内有凝血。 3.肌肉暗红或有血迹，松软弹性差，易撕开。 4.脂肪呈桃红色，皮下脂肪切面平整如熟肉。 5.肉切面及肝、脾、肺、肾实质器官切面有血液流出
2	注水肉		宰前注水猪： 1.四肢伸直。 2.眼球突出。 3.大小便失禁	1.外表水莹泛白，指压后不易复原，切面湿润黏性差。 2.肌肉颜色淡红色，弹性小。脂肪苍白无光。 3.放置后或手压有汁液或浅红色血水流出。 4.冷冻后肉质晶莹如冰。 5.用吸水纸贴在切面上，取下吸水纸不能用火点燃或完全点燃。 6.久煮不烂，无香味，易变质
3	"瘦肉精"猪肉		"瘦肉精"猪：肌肉结实、肩宽臀大、背宽腰细、拱背收腹、尾股浑圆，故称为"健美猪"	"瘦肉精"肉： 1.肌肉饱满，颜色鲜红，艳亮，臀肌丰满肥厚。 2.肌纤维粗大肿胀，疏松柔软，切面湿润，刀切后不能立于菜板，用手揉搓即成肉泥。 3.全身脂肪明显减少
4	水肿		1.局部水肿：局部肿胀。 2.全身水肿：全身肿胀，行为受限	1.皮下水肿：皮肤肿胀，失弹性，有压痕；皮下有液体。 2.黏膜水肿：可见黏膜水肿，如胃、肠等黏膜水肿。 3.肺水肿：肺体积增大，被膜紧张，切面暗红，有淡红色泡沫状液体，如猪高致病蓝耳病。 4.全身水肿：全身器官肿胀，常伴有体腔积液
5	脓肿		宰前多见于耳根、颈部、臀部和四肢	1.皮肤脓肿：多发生于耳根、颈部、臀部，多因注射感染引起，可见注射痕迹。 2.四肢脓肿常见。 3.内脏器官脓肿：如肝、肺、肾及乳房脓肿
6	肿瘤	良性	突出于机体或器官表面	1.球形或结节状，用手可推动，表面较平整，不破溃，有包膜，与周围组织分界清楚。 2.切面呈灰白色或乳白色，质地较硬
		恶性	形状不规则	1.形状不规则，可见菜花样，用手不易推动，表面凹凸不平，常无包膜，与周围组织分界不清楚。 2.切面呈灰白色或鱼肉样，质地较软

（续）

序号	项目	宰前特征性症状	宰后特征性病变
7	黄疸病	1.皮肤黄色（白猪明显）。 2.可视黏膜呈黄色	1.特征性病变：皮肤和关节滑液黄染。 2.全身黄染，包括皮肤、脂肪、黏膜、眼结膜、肌腱、组织液、血管内膜、关节囊滑液以及内脏器官。 3.胴体放置一昼夜黄色不消退，而且放置时间越久颜色越黄。 4.肌肉变性有苦味，有肝胆病变
8	黄脂病	宰前症状不明显	1.皮下脂肪和体腔脂肪呈淡黄色，随放置时间延长黄色逐渐消退。 2.严重的有鱼腥味，加热明显。放置一昼夜黄色不消退，但无不良气味。 3.皮肤不黄染，肌肉肝胆无病变。这是与黄疸的区别
9	白肌病	1.站立困难，喜欢躺卧。 2.强迫运动，后躯摇摆轻瘫。3.惊恐，剧烈运动后突然心猝死亡	1.常发生半腱肌、半膜肌、股二头肌、背最长肌、腰肌、臂三头肌、三角肌、心肌等。 2.呈白色条纹或斑块，严重的整块肌肉呈弥漫性黄白色，切面干燥似鱼肉样。 3.病变呈左右两侧肌肉对称性发生
10	白肌肉（PSE）	宰前症状不明显	1.常发生背最长肌、半腱肌、半膜肌、股二头肌、腰肌等处。 2.颜色苍白，柔软易碎，切面多汁，严重时如"水煮样"或"烂肉"样，切面突出，有灰白色小点和渗出液，手指容易插入，肌纤维容易撕下来
11	红膘肉	全身皮肤发红	1.由传染病（如猪丹毒、猪肺疫、猪副伤寒等），引起的红膘肉，皮肤和皮下脂肪发红。 2.由放血不全引起的红膘肉，猪皮下脂肪发红，皮肤充血发红，血管内滞留大量血液。 3.由外界刺激（如运输热、冷空气等）引起的红膘肉，会引起皮肤和皮下脂肪发红
12	黑干肉（DFD）	无宰前症状	色泽深暗，肉质粗硬，切面干燥，肉质低下，肉味较差，易腐败变质
13	卟啉症（骨血素病）	病猪牙齿淡红棕色，故称"红牙猪"	1.牙齿呈淡红棕色——"红牙猪"。 2.骨骼呈棕色或黑色，故有"乌骨猪"之称。 3.骨膜、软骨、关节软骨、韧带、肌腱不着色。 4.肝、脾、肾等器官呈棕褐色。 5.全身淋巴结肿大，切面中央呈棕褐色

（续）

序号	项目	宰前特征性症状	宰后特征性病变
14	亚硝酸盐中毒	饲喂后2h内，突然发病，口吐白沫，呼吸困难，鼻端、嘴部皮肤呈蓝紫色	1.腹部膨胀，口鼻蓝紫色，有淡红液体；可视黏膜棕褐色。 2.肌肉呈暗红色。 3.血凝不全，暗褐色如酱油状。 4.内脏器官淤血，气管、支气管有红色泡沫状液体
15	黄曲霉毒素中毒	1.可视黏膜黄染，慢性型全身皮肤黄染。 2.排恶臭稀便或带血粪球。 3.亚急性型有运动障碍，抽搐或角弓反张	1.可视黏膜黄染，慢性型全身皮肤黄染。 2.肝肿大，硬变，黄色，后期橘黄色，或有坏死灶，或有肿瘤结节。 3.胃黏膜和肠黏膜出血、坏死或溃疡。 4.胃和肠系膜淋巴结肿大、暗红色，切面有坏死灶
16	尿毒症	1.精神沉郁，衰弱无力，嗜睡或昏迷或兴奋痉挛。 2.呼出气体带尿味的气体	肾肿大，肾衰竭，皮质易破碎
17	脓毒症		全身组织和器官多发性化脓性病灶
18	放血不全肉	宰前无异常	1.屠体全身皮肤充血发红或弥漫性红色。 2.皮下脂肪呈淡红色或发红色。 3.肌肉组织灰暗，淋巴结淤血。 4.血管内滞留大量血液。 5.易腐败变质，不易贮藏，口味差
19	公猪母猪晚阉猪	1.种公猪：未阉割种用公猪。 2.种母猪：未阉割种用母猪，乳腺发达，乳头长大。 3.晚阉猪：曾做种用，去势后育肥的猪，在阴囊或左胯部有阉割的痕迹	1.体型大，皮肤特点：皮粗、皮厚、色深、孔大、皱纹多。 2.皮下脂肪薄，质地坚硬。 3.肌肉暗红，断面颗粒大，肌纤维长，纹路明显。 4.种公猪有较重的性气味，加热后更明显

（续）

序号	项目	宰前特征性症状	宰后特征性病变
20	消瘦与羸瘦 · 消瘦	1.消瘦多由疾病引起。 2.瘦弱，皮肤松弛，被毛粗糙无光泽。 3.伴有疾病症状。	1.猪体瘦小。 2.肌肉松弛或萎缩，脂肪减少。 3.内脏器官、淋巴结等有病理变化
	消瘦与羸瘦 · 羸瘦	1.与饮食不足或老龄有关。 2.猪体瘦小，骨架突出。 3. 身体健康	1.猪体瘦小。 2.肌肉萎缩，脂肪很少，肌间脂肪锐减或消失。 3. 组织器官未见病理变化
21	气味异常肉	宰前可闻到特异性气味	1.饲料气味：长期喂有气味的饲料，猪肉有此气味。 2.性气味：常见性成熟未阉割公猪，或晚阉公猪。 3.病理气味：猪生前患病造成的肉带异味。 （1）恶性水肿时，肉有酸败油脂味； （2）肌肉脓肿或脓毒败血症时，肉有脓臭气味； （3）尿毒症时，肉有尿臊味； （4）酮血症时，肉有酮臭和恶甜味； （5）蜂窝织炎时，肉有粪臭味； （6）砷中毒时，有大蒜味； （7）自体中毒和严重营养不良时，胴体带有腥臭味。 4.药物气味：宰前使用过有味药物，猪肉有此气味。 5.发酵气味：冷藏不当引起发酵，产生酸臭气味。6.腐败气味： （1）"捂垛""捂膛"时产生氨臭味，肉深部呈黑色； （2）污染了泄漏氨或被胺类化肥污染，肉有氨臭味。 7.附加气味：与有味物品（如汽油、油漆、海货、农药、葱、蒜等气味）同室贮藏或同车运输引起
22	非传染性局部病变		局部化脓、创伤、皮肤发炎、严重充血、出血、浮肿、肥大、萎缩、钙化、寄生虫损害、非恶性局部肿瘤等
23	有害内分泌腺	人误食后可引起中毒	1.甲状腺：位于喉后方，气管腹侧，形如大枣。 2.肾上腺：位于两肾内侧缘前方，形如人小手指。 3.甲状腺与肾上腺摘除：在心、肝、肺摘除之前进行

（续）

序号	项目		宰前特征性症状	宰后特征性病变
24	应急综合征	运输热	1.体温升高，呼吸、脉搏快。2.肌肉颤抖。3.皮肤发红，可视黏膜发绀	宰后可见肺脏充血、水肿
		运输病	1.体温升高，呼吸脉搏快。2.肌肉震颤。3.口吐泡沫或呕吐或死亡。4.皮肤淡紫，可视黏膜发绀	常继发感染副猪嗜血杆菌病，有如下病理变化：1.肺淤血、肿大。2.肺表面有纤维蛋白覆盖，常与胸壁粘连。3.胸腔积液
25	冷却肉／冷冻肉异常变化	发粘肉	宰前无异常	1.冷却胴体不当，微生物在肉表面繁殖引起。2.肉表面发黏，严重时切面发黏，甚至腐败
		变色肉	宰前无异常	1.冷藏肉放置时间长，肉色变暗，多为自身变化。2.感染细菌，可在肉表面产生不同颜色的色素
		发霉肉	宰前无异常	1.冷藏肉感染霉菌，在肉表面形成白色或黑色霉点。（1）白色霉点，像石灰水珠，抹去后不留痕迹；（2）黑色霉点，不易抹去，有时侵入肉的深部
		深层腐败肉	宰前无异常	1.胴体冷却不当，细菌繁殖，深部肌肉腐败。2.检验时要注意抽检臀部和股部的深层肌肉
		脂肪氧化肉	宰前无异常	冷冻肉存放时间长，脂肪氧化，颜色发黄，有酸败味
		干枯肉	宰前无异常	1.冷冻时间长或反复冻融，水分大量蒸发，形成干枯肉。2.肉质变干、变硬，颜色变浅，形如枯木，食同嚼渣
		发光肉	宰前无异常	1.冷藏肉被发光杆菌污染，会发蓝色荧光，暗处可见。2.猪肉出现荧光，是开始腐败的标志，要尽快处理

附表三 生猪屠宰主要疫病及其产品和不合格肉的处理方法

(一)传染病和寄生虫病猪及其产品的处理方法

序号	疫病类型	处理措施
1	炭疽	1.处理流程：发现炭疽时，立即停止生产、限制移动、封锁现场，向有关部门报告疫情，在动监部门监督下进行无害化处理。 2.宰前处理：病猪及同群猪运到指定的地点，采用不放血的方法扑杀，尸体焚烧处理。 3.宰后处理：病猪及同批次产品全部焚烧处理。 未屠宰的同群猪运到指定地点，采用不放血的方法扑杀，尸体焚烧处理。 注意事项：(1)禁止通过化制、高温、硫酸分解、深埋等方法处理尸体，必须全部焚烧处理； (2)炭疽杆菌暴露在空气中形成芽孢后抵抗力极强，不易杀灭，故严禁剖检病猪和可疑病猪
2	口蹄疫 猪瘟 非洲猪瘟 高致病性猪蓝耳病	1.处理流程：发现疫病，立即停止生产、限制移动、封锁现场，向有关部门报告疫情，在动监部门监督下进行无害化处理。 2.宰前处理：病猪及同群猪运到指定的地点，采用不放血的方法扑杀，尸体通过焚烧、化制、高温、硫酸分解等方法销毁处理。 3.宰后处理：病猪及同批次产品通过焚烧、化制、高温、硫酸分解等方法销毁处理。 未屠宰的同群猪运到指定地点，采用不放血方法扑杀，尸体通过焚烧、化制、高温、硫酸分解等方法销毁处理
3	猪丹毒 猪肺疫 猪副伤寒 猪Ⅱ型链球菌病 猪支原体肺炎 副猪嗜血杆菌病猪囊虫病 旋毛虫病 丝虫病 其他疫病	1.宰前处理： (1)处理流程：在病猪背部做"标识"，移入隔离圈观察，封锁检出疫病猪的待宰圈，禁止其他生猪出入，报告官方兽医，确诊后，出具《动物检疫处理通知单》，送无害化处理间处理。 (2)处理方法：在动物卫生监督部门监督下，病猪通过焚烧、化制、高温、硫酸分解等方法销毁处理。 同群猪隔离观察，确认无异常的准予屠宰，异常的按病猪处理。 2.宰后处理： (1)处理流程：在屠体或胴体表面做"标识"，经病猪岔道送入病猪间，报告官方兽医，确诊后，盖不合格印章，出具《动物检疫处理通知单》，送无害化处理间处理； (2)处理方法：在动物卫生监督部门监督下，病猪胴体、内脏和头蹄等通过焚烧、化制、高温、硫酸分解等方法销毁处理。 未屠宰的同群猪隔离观察，确认无异常的准予屠宰，异常的按病猪处理

（续）

序号	疫病类型	处理措施
4	濒临死亡猪	1.确诊为疫病猪的，报告官方兽医，出具《动物检疫处理通知单》，在动物卫生监督部门监督下，按上述疫病猪处理方法进行无害化处理。 2.经检验确诊为物理性损伤的，并确认无碍于肉食安全的，急宰后做复制品
5	死猪 死因不明猪	1.宰前发现死猪或死因不明的猪时，严禁死宰。 2.确诊疫病引起的，报告官方兽医，出具《动物检疫处理通知单》，在动物卫生监督部门监督下，按上述疫病猪处理方法进行无害化处理。 3.经检疫未能确诊死因的，在动物卫生监督部门监督下，尸体焚烧处理

（二）不合格肉和有害腺体的处理方法

序号	名称	处理措施
	宰后 不合格肉的 处理流程	宰后发现不合格肉时的处理流程： 1.宰后发现不合格肉时，在屠体或胴体表面做"标识"，经病猪岔道送入病猪间进一步确诊。 2.确诊为健康的，屠体或胴体经"回路轨道"返回生产线轨道，继续加工。 3.确诊为品质不合格的，企业在胴体上加盖肉品品质检验不合格印章，包括"非食用""复制""高温"和"销毁"印章。 4.确诊为病猪的，报告官方兽医，在胴体上加盖检疫不合格印章，包括"高温"和"销毁"印章，并出具《动物检疫处理通知单》，在动物卫生监督部门监督下，胴体及其产品，按上述疫病猪处理方法进行无害化处理
1	病死猪肉	1.确诊疫病引起的，报告官方兽医，出具《动物检疫处理通知单》，在动物卫生监督部门监督下，按上述疫病猪处理方法进行无害化处理。 2.确诊由物理因素等非传染病引起的死亡，尸体销毁处理。 3.未能确诊死因的，在动物卫生监督部门监督下，尸体焚烧处理
2	注水肉	检出注水猪或注水肉的，报告官方兽医，出具《动物检疫处理通知单》，在动物卫生监督部门监督下，注水猪及其产品全部销毁处理

（续）

序号	名称	处理措施
3	"瘦肉精"肉	1. 宰前处理：宰前检出"瘦肉精"的，报告官方兽医，禁止卸车，对全车猪采尿检测，阴性的准予屠宰，阳性的这样品到指定机构复验，仍为阳性的，出具《动物检疫处理通知单》，在动物卫生监督部门监督下，全部销毁处理。 2. 宰后处理： （1）宰后检出"瘦肉精"的，在屠体或胴体表面做"标识"，经病猪岔道送入病猪间，复验确诊，阳性的，送样品到指定机构检测，仍为阳性的，报告官方兽医，出具《动物检疫处理通知单》，病猪及其产品，在动物卫生监督部门监督下，全部销毁处理； （2）已屠宰的同群猪取样（猪肉、猪肝、猪尿）检测，阴性的准予屠宰，阳性的送检复验，仍为阳性的销毁处理； （3）未屠宰的同群猪送入隔离圈，头头取样检测，阴性的准予屠宰，阳性的送检复验，仍为阳性的全部销毁处理
4	水肿	1. 局部水肿的，割除病变组织销毁处理，其余不受限制出厂。 2. 高度水肿或全身性水肿的，报告官方兽医，出具《动物检疫处理通知单》，在动物卫生监督部门监督下，病猪及其产品全部销毁处理
5	脓肿	1. 由传染病引起的脓肿，报告官方兽医，出具《动物检疫处理通知单》，在动物卫生监督部门监督下，按上述疫病猪处理方法进行无害化处理。 2. 由非传染病引起的脓肿： （1）局部脓肿的，割除病变组织销毁处理，其余不受限制出厂； （2）多发性脓肿，胴体消瘦者，胴体及内脏全部销毁处理
6	肿瘤	1. 一个器官有良性肿瘤，胴体不消瘦，且无其他病变的，割除病变组织、器官销毁处理，其余部分不受限制出厂。 2. 发现恶性肿瘤，或者两个以上器官有肿瘤的，胴体和内脏全部销毁处理
7	黄疸病	1. 宰前处理： （1）经检验确诊由传染病引起的，报告官方兽医，出具《动物检疫处理通知单》，在动物卫生监督部门监督下，按上述疫病猪处理方法进行无害化处理； （2）经检验确诊由非传染病引起的，病猪急宰，尸体销毁处理。 2. 宰后处理： （1）宰后检出黄疸病的，在屠体或胴体表面做"标识"，经病猪岔道送入病猪间进一步确诊； （2）由传染病引起的，报告官方兽医，出具《动物检疫处理通知单》，在动物卫生监督部门监督下，按上述疫病猪处理方法进行无害化处理； （3）由非传染病引起的，胴体和内脏销毁处理

（续）

序号	名称	处理措施
8	黄脂病	宰后处理： 1.宰后检出黄脂病的，在屠体或胴体表面做"标识"，经病猪岔道送入病猪间进一步确诊。 2.仅皮下和体腔脂肪微黄色，皮肤、黏膜、筋腱无黄色，无不良气味，内脏正常的不受限制出厂；伴有其他不良气味的销毁处理。 3.皮下和体腔脂肪、筋腱呈黄色，经放置一昼夜后黄色消失或显著消退，仅留痕迹的，不受限制出厂；黄色不消退的，做复制品；如伴有其他不良气味的销毁处理。 4.皮下和体腔脂肪明显黄色乃至淡黄棕色，经放置一昼夜后黄色不消退，但无不良气味的，脂肪组织销毁处理，肌肉和内脏无异常变化的，不受限制出厂。如伴有其他不良气味的销毁处理
9	白肌病	宰后处理： 1.局部肌肉有病变，深层肌肉正常的，修割病变部分销毁，其余做复制品。 2.全身多数肌肉有病变的，病猪全部销毁处理
10	白肌肉（PSE）	宰后处理：对白肌肉部分进行修割销毁处理，其余部分可做复制品，但不宜做腌腊制品
11	红膘肉	宰后处理： 1.宰后检出红膘肉的，在屠体或胴体表面做"标识"，经病猪岔道送入病猪间进一步确诊。 2.由传染病引起的，报告官方兽医，出具《动物检疫处理通知单》，在动物卫生监督部门监督下，按上述疫病猪处理方法进行无害化处理。 3.由放血不全引起的处理方法： （1）皮下脂肪呈淡红色，肌肉组织基本正常的可做复制品； （2）皮下脂肪和体腔脂肪呈灰红色，肌肉色暗，淋巴结淤血，大血管中有血液滞留的，全部销毁处理。 4.由外界刺激引起的红膘病，轻者可不做处理，严重者可作复制品
12	黑干肉DFD	宰后处理： 1.不宜鲜销和做腌腊制品，可做复制品。 2.因胴体不耐贮藏，应尽快加工利用
13	骨血素病卟啉症	宰后处理： 1.猪肉可做复制品原料。 2.骨骼、内脏销毁处理
14	亚硝酸盐中毒	检出亚硝酸盐中毒的病猪，报告官方兽医，出具《动物检疫处理通知单》，在动物卫生监督部门监督下，病猪及其产品全部销毁处理
15	黄曲霉毒素中毒	检出黄曲霉毒素中毒的病猪，报告官方兽医，出具《动物检疫处理通知单》，在动物卫生监督部门监督下，病猪及其产品全部销毁处理

（续）

序号	名称	处理措施
16	尿毒症	检出尿毒症，病猪及其产品全部销毁处理
17	脓毒症	检出脓毒症，病猪及其产品全部销毁处理
18	放血不全	宰后处理： 1.宰后检出放血不全的，在屠体或胴体表面做"标识"，经病猪岔道送入病猪间进一步确诊。 2.由传染病引起的，报告官方兽医，出具《动物检疫处理通知单》，在动物卫生监督部门监督下，按上述疫病猪处理方法进行无害化处理。 3.确诊由非疾病引起的放血不全，根据危害程度做如下处理： （1）皮肤发红，皮下脂肪淡红色，肌肉组织基本正常的可做复制品原料； （2）全身皮肤弥散性红色，皮下和体腔脂肪灰红色，肌肉色暗，淋巴结淤血，大血管中有血液滞留的，胴体、内脏销毁处理
19	公猪 母猪 晚阉猪	宰后处理： 1.种公猪、种母猪及晚阉猪不得用于加工鲜、冻片猪肉和分割鲜冻猪瘦肉。 2.性气味不明显的，可作为复制品原料，不可鲜销；性气味明显的销毁处理。 3.应在胴体和《肉品品质检验合格证》上注明"种猪"或"晚阉猪"
20	消瘦 羸瘦	宰后处理： 1.饥饿或老龄所致的羸瘦，内脏器官无异常的可以食用。 2.过度瘠瘦及肌肉变质、高度水肿的销毁处理。 3.发现病理性消瘦，肌肉有退化性变化的，在屠体或胴体表面做"标识"，经病猪岔道送入病猪间，报告官方兽医，出具《动物检疫处理通知单》，在动物卫生监督监督下，按上述疫病猪处理方法进行无害化处理
21	气味异常	宰后处理： 1.宰后检出气味异常的，在屠体或胴体表面做"标识"，经病猪岔道送入病猪间进一步确诊。 2.由传染病、中毒引起的，报告官方兽医，出具《动物检疫处理通知单》，在动物卫生监督监督下，按上述疫病猪处理方法进行无害化处理。 3.由非病理因素引起的肉品异味，可先通风驱味，然后根据情况处理。 （1）仅局部有异味的，则将该局部割除销毁，其余部分正常食用； （2）严重异味的肉销毁处理
22	非传染性局部病变	1.适用范围：局部化脓、创伤、发炎、充血与出血、浮肿、肥大、萎缩、钙化、寄生虫损害、病变淋巴结，有碍食肉卫生部分。 2.宰后处理：将病变部位修割销毁处理，其余部分不受限制出厂

（续）

序号	名称	处理措施
23	有害内分泌腺	1.适用范围：甲状腺、肾上腺。 2.宰后处理：分别摘除甲状腺和肾上腺，销毁处理，或作为生产医药产品的原料
24	应激综合征	**运输热** 宰前处理： 1.病猪急宰，症状轻微的修割局部病变部位销毁处理，其余部分复制加工。 2.全身性病变以及运输途中死亡的，销毁处理
		运输病 宰后处理： 由传染病引起的，报告官方兽医，出具《动物检疫处理通知单》，在动物卫生监督监督下，按上述疫病猪处理方法进行无害化处理
25	冷却肉／冷冻肉异常变化	**发粘肉** 发黏肉处理： 1.仅局部发黏，修割发黏部分销毁，其余不受限制出厂。 2.若有腐败迹象，全部销毁处理
		变色肉 变色肉处理： 1.局部颜色变暗，有色斑，但无腐败现象的，修割后加工作为复制品。 2.如有腐败现象的，全部销毁处理
		发霉肉 发霉肉处理： 1.白色霉点修割后可食用。 2.黑色霉点不多的修割后可食用。 3.青霉、曲霉引起的霉变，销毁处理
		腐败肉 深层腐败肉全部销毁处理
		氧化肉 脂肪氧化肉处理： 1.脂肪氧化仅见于表层，可将表层切除销毁处理，其余部分不受限制出厂。 2.病变严重的，全部销毁处理
		干枯肉 干枯肉处理： 1.变化轻的，应尽快利用。 2.严重的，销毁处理
		发光肉 发光肉处理： 1.发现冻肉有发光现象,应立即修割处理，其余部分不受限制出厂。 2.病变严重的,进行销毁处理

参考文献

蔡宝祥，1986．家畜传染病学[M]．北京：农业出版社．

陈怀涛，2008．兽医病理学原色图谱[M]．北京：中国农业出版社．

陈万芳，1984．家畜病理生理学[M]．北京：农业出版社．

崔治中，2013．动物疫病诊断与防控彩色图谱[M]．北京：中国农业出版社．

董常生，2012．家畜解剖学[M]．第4版．北京．中国农业出版社．

杜向党，2010．猪病类症鉴别诊断彩色图谱[M]．北京：中国农业出版社．

胡新岗，2012．动物防疫与检疫技术[M]．北京：中国林业出版社．

江斌，2015．猪病诊治图谱[M]．福州：福建科学技术出版社．

孔繁瑶，1985．家畜寄生虫学[M]．北京：农业出版社．

刘可仁，　1997．畜禽动物性食品生产加工与质量控制[M]．北京：中国农业科技出版社．

刘占杰，王惠霖，1989．兽医卫生检验[M]．北京：农业出版社．

芦惟本，2011．跟卢老师学猪的病理剖检[M]．北京：中国农业出版社．

闵连吉，1992．肉类食品工艺学[M]．北京：中国商业出版社．

内蒙古农牧学院，1978．家畜解剖学[M]．上海：上海科学技术出版社．

潘耀谦，2017．猪病诊治彩色图谱[M]．北京．中国农业出版社．

时建忠，2015．全国畜禽屠宰检疫检验培训教材[M]．北京：中国农业出版社．

孙连富，尹茂聚，2015．生猪屠宰兽医卫生检验[M]．北京：中国轻工业出版社．

童光志，　2008．动物传染病学[M]．北京：中国农业出版社．

王雪敏，2002．动物性食品卫生检验[M]．北京：中国农业出版社．

熊本海，2017．猪实体解剖学图谱[M]．北京：农业出版社．

徐有生，2009．科学养猪与猪病防制原色图谱[M]．北京：中国农业出版社．

宣长和，2010．猪病学[M]．北京：中国农业大学出版社．

张立教，1965．猪的解剖[M]．北京：科学出版社．

张荣臻，1983．家畜病理学[M]．北京：农业出版社．

张西臣，　2017．动物寄生虫病学[M]．北京：科学出版社．

张彦明，2014．动物性食品安全生产与检验技术[M]．北京：中国农业出版社．

张友林，2006．食品科学概论[M]．北京：科学出版社．

郑明球，2010．动物传染病诊治彩色图谱[M]．北京：中国农业出版社．

中国食品总公司，1979．肉品卫生检验图册[M]．北京：财政经济出版社．

致　谢

　　本书的编写得到山东省畜牧兽医局、山东商业职业技术学院、山东银宝食品有限公司、临沂金锣肉制品集团有限公司、河南双汇投资发展股份有限公司、青岛万福集团股份有限公司、山东汇融肉制品有限公司、上海五丰上食食品有限公司、青岛菲利特食品配料有限公司、日照市东港区供销社、潍坊益康宝食品有限公司、烟台市动物卫生监督所、山东省肉类协会、河南畜牧局、山东省潍坊出入境检验检疫局、陕西省动物卫生监督所、山东华宝食品股份有限公司、北京顺鑫农业股份有限公司鹏程食品分公司、烟台福祖畜牧养殖有限公司、山东聊城龙大食品有限公司、山东荣成宝竹肉食品有限公司、德州金锣肉制品有限公司等单位的支持与帮助，在此一并表示衷心的感谢！

　　特别感谢山东银宝食品有限公司全体干部职工对现场图片拍摄等的支持和帮助！

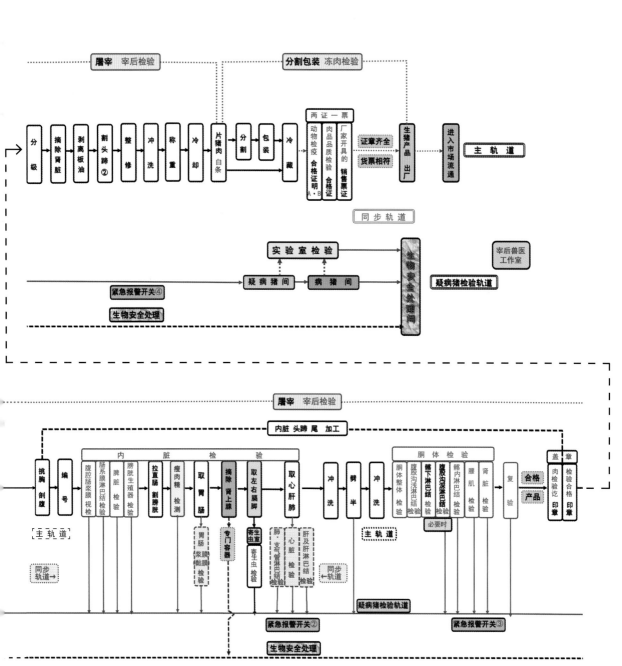

生猪收购、屠宰与检验工序设置流程示意图

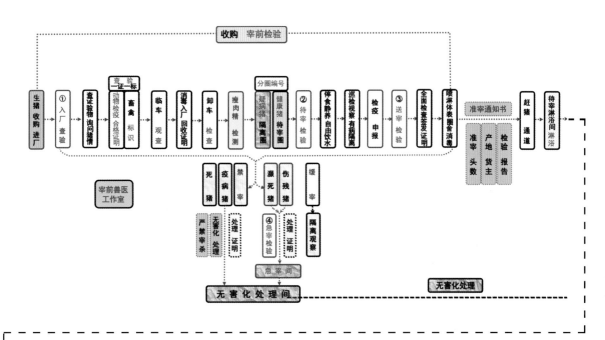

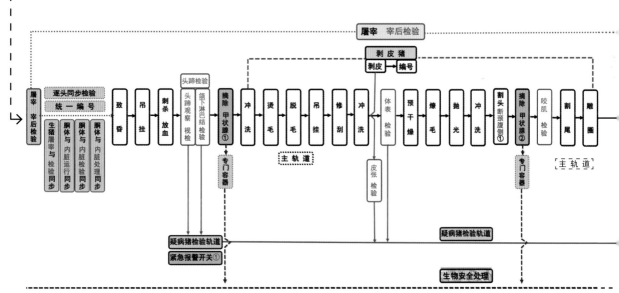